国家自然科学基金委员会
2024年度报告

NATIONAL NATURAL SCIENCE FOUNDATION OF CHINA

2024 ANNUAL REPORT

国家自然科学基金委员会◎编著

ZHEJIANG UNIVERSITY PRESS
浙江大学出版社
·杭州·

图书在版编目（CIP）数据

国家自然科学基金委员会2024年度报告 / 国家自然科学基金委员会编著. -- 杭州 : 浙江大学出版社, 2025. 3. -- ISBN 978-7-308-25949-1

Ⅰ. N26

中国国家版本馆CIP数据核字第2025LN6882号

国家自然科学基金委员会2024年度报告

国家自然科学基金委员会　编著

出版事务统筹　国家自然科学基金委员会科学传播与成果转化中心
责任编辑　叶思源
责任校对　陈　宇
封面设计　林智广告
出版发行　浙江大学出版社
（杭州天目山路148号　邮政编码 310007）
（网址：http://www.zjupress.com）
排　　版　杭州林智广告有限公司
印　　刷　杭州宏雅印刷有限公司
开　　本　889mm×1194mm　1/16
印　　张　13.25
字　　数　260千
版 印 次　2025年3月第1版　2025年3月第1次印刷
书　　号　ISBN 978-7-308-25949-1
定　　价　98.00元

编辑委员会

前言 FOREWORD

2024 年，国家自然科学基金委员会（以下简称自然科学基金委）以习近平新时代中国特色社会主义思想为指导，全面贯彻党的二十大和二十届二中、三中全会精神，深入学习贯彻全国科技大会精神，持续贯彻落实习近平总书记关于科技创新特别是基础研究的重要讲话和指示批示精神，按照党中央、国务院决策部署，在中央科技委员会领导下，坚持将宝贵科技资源投向最具创新活力的一线科研人员的理念，认真落实机构改革任务，聚焦“质量提升”，持续优化科学基金资助管理体系，顺利完成全年资助管理工作。

深入开展党纪学习教育，纵深推进全面从严治党。深入学习贯彻习近平总书记“7・9”重要讲话精神和“7・29”重要指示精神，全面加强党的政治建设和纪律建设，深入落实中央八项规定精神，系统推进全面从严治党、党风廉政建设和反腐败工作。全面学习贯彻党的二十大精神，用党的创新理论武装头脑、指导实践、推动工作，持续推动党建和业务工作融合互促，研究制定加强基础研究的行动方案，以高质量基础研究支撑科技强国建设。主动接受中央纪委国家监委驻科学技术部纪检监察组监督指导，依法自觉接受审计署监督。

巩固深化评审专家被“打招呼”顽疾专项整治，全面加强科研诚信建设。会同科技部、市场监管总局等深入开展科研中介买卖数据和论文产业链专项整治。深化评审专家被“打招呼”专项整治，扎实开展项目会议评审驻会监督。深入实施学风建设行动计划，积极开展科研诚信宣传教育，严格实施诚信审核，严肃查处与科学基金相关的科研不端行为，对 269 件案件的 630 位责任人和 11 家依托单位作出处理。扎实开展项目资金监督检查，在陕西省、西藏自治区、黑龙江省、辽宁省和吉林省随机抽取 152 家依托单位的 1 426 个项目，抽查金额共计 9.99 亿元。

强化基础研究系统部署，夯实科技自立自强根基。科学制订和实施年度资助计划，共接收 2 502 个依托单位的 40.39 万项申请，资助各类科学基金项目 5.49 万项，资助经费 335.81 亿元。鼓励自由探索，突出原创，资助面上项目 20 758 项、原创探索计划项目 183 项。强化前瞻部署，批准“原子级制造基础研究”等 3 项重大研究计划立项建议，资助重点项目 745 项，部署重大项目 48 项。加强科研基础条件和平台建设，资助国家重大科研仪器研制项目 71 项。深入推进数理、天文与空间等 14 个领域的国家重点实验室体系重组。

加强人才资助体系建设，构建高质量基础研究队伍。加强基础研究后备力量培养，试点开展青年学生基础研究项目资助，前两批博士生项目共资助 1 412 项，第二批本科生项目资助 141 项。首次开展国家杰出青年科学基金项目（以下简称杰青项目）结题分级评价及延续资助，其中取得显著进展的 41 个项目获延续资助，9 个项目被评为“执行情况差”，评价结果反馈依托单位作为科研评价的参考。在基础科学中心项目中单设赛道，给更多青年人才挑大梁、当主角的机会，共遴选资助 8 项。试点推进针对临床医师的杰青项目分类评审改革，共资助 24 项。加强对港澳地区青年人才支持，资助杰青项目 21 项、优秀青年科学基金项目（以下简称优青项目）29 项、青年科学基金项目 95 项。积极支持中青年科学家承担重大类型项目，吸纳优秀青年人才参加评审。继续做好优青项目（海外）资助工作。

落实新职能新任务，抓好应用基础研究资助管理。履行主责单位职责，研究制定重点专项管理实施细则，组织编制发布“引力波探测”等 10 个重点专项的申报指南并完成评审，启动脑科学与类脑研究重大专项的管理承接工作。加强科学基金项目与其他国家科技计划的统筹，制定重大研究计划立项程序优化方案，修订宏观调控经费使用管理规程，继续实施重大类型项目间的联合限项。持续强化中国 21 世纪议程管理中心、高技术研究发展中心的专业机构建设，提升专业化管理能力。扎实推进重点专项 2024 年度指南申报受理、形式审查和评审立项工作，立项 1 168 项，完成中期检查 1 253 项，综合绩效评价 444 项。积极推动编制《第五次气候变化国家评估报告》，推进《碳中和技术发展路线图》研究及成果宣传。发布 2023 年度中国科学十大进展。

优化科学基金多元投入机制，提升联合基金资助效能。稳步扩大联合基金规模，新增 5 个地方政府、8 家央企加入区域 / 企业创新发展联合基金，与相关行业部门新设 3 个联合基金。本年度协议期内吸引委外资金 34.63 亿元，相当于中央财政投入的 9.68%。2024 年共资助联合基金项目 1 306 项。增强中央财政经费杠杆撬动作用，将试点与大型科技型企业合作投入比例由 1∶4 提高至 1∶6，设立中国石化基础研究联合基金。贯彻新时代党的治疆方略，促进新疆人才引进和科技创新，设立联合基金项目青年项目（新疆）。强化企业科技创新主体地位，新批 52 家企业研发机构注册为依托单位。

强化科技战略咨询，改革组建第二届委咨询委员会。立足新时期使命定位，改革席位制，组建由 48 位活跃在科研一线、具有较高国际学术影响力的科学家组成的新一届委咨询委员会。聚焦偏基础偏交叉的重大研究需求，积极开展国家重点研发计划动议组织凝练。充分发挥委咨询委员会战略科学家作用和能够动员各学科力量的制度优势，做好主责的 10 项重点专项年度指南论证工作。及时响应国家重大决策部署和重大突发需求，完成 9 项拟使用宏观调控经费资助项目的咨询论证，其中 7 项通过。面向“十五五”时期国家科技发展重大研究需求，启动开展基础研究领域国家重点研发计划选题动议储备研究和重大资助管理政策研究。

优化资助管理体系，持续推进科学基金改革发展。实施科学基金“十四五”发展规划中期监测，开展规划编制方法研究，启动科学基金“十五五”发展规划编制战略研究部署工作。推进《国家自然科学基金条例》修订工作，经国务院常务会议审议通过。加强战略与政策研究支撑，深化与中国科学院、中国工程院合作战略研究，推进“中国工程科技 2040 发展战略”系列丛书出版工作，加强“双清论坛”的战略研讨和管理支撑功能，推动共建基础研究战略情报合作网络，构建学科交叉和跨学科研讨平台。持续开展年度绩效评价工作，深入开展科学部资助管理绩效评估研究，配合财政部对优青项目开展专门评价。

积极拓展国际合作与交流，稳步推进面向全球的科学研究基金试点实施工作。一是落实元首外交，拓展合作网络。有序推进中法碳中和中心建设，促成《中美碳管理合作谅解备忘录》签署，推动中欧旗舰合作计划续签，新签合作协议 3 项，续签合作协议 10 项，与美、英等国家及港澳地区开展联合资助，经费 4.7 亿元。二是启动运行国际科研资助部，实施面向全球的科学研究基金。设立并资助合作创新研究团队项目 25 项、外国学者研究基金项目 315 项、重点国际（地区）合作研究项目 87 项；设立实施自然科学基金委–欧洲核子研究中心重大科学基础设施国际合作研究计划专项项目，资助 10 项。与教育部联合设立启动“外籍优秀学生来华读博支持专项（试点）”项目，资助 39 项。三是推进“可持续发展国际合作科学计划”，资助项目 41 项。深入开展“一带一路”技术转移和南南合作，推动建立金砖国家深海资源国际研究中心。四是加强气候变化、海洋等重点领域国际合作。牵头联合国气候变化框架公约技术议题谈判，作为“77 国集团 + 中国”协调员参加政府间气候变化专门委员会（IPCC）磋商。稳步推进联合国“海洋十年”行动和中国大洋钻探国际合作计划。

2025 年，自然科学基金委将坚持以习近平新时代中国特色社会主义思想为指导，全面贯彻党的二十大和二十届二中、三中全会精神，深入落实习近平总书记关于科技创新特别是基础研究的重要讲话精神、全国科技大会精神和中央经济工作会议精神，按照党中央、国务院决策部署，锚定 2035 年建成科技强国战略目标，在中央科技委员会领导下，深入落实全国科技工作会议部署，准确把握我国科技工作的总体格局和科学基金新的使命定位，坚持将宝贵科技资源投向最具创新活力的一线科研人员的理念，统筹部署基础研究、应用基础研究、人才培养，强化基础研究领域前瞻性、引领性布局，持续提升资助效能，更好地发挥科学基金在国家创新体系中的独特作用。

国家自然科学基金委员会党组书记、主任 窦贤康

目录 CONTENTS

第一部分

概　述

NSFC

一、改革举措

2024 年，自然科学基金委贯彻落实党中央、国务院决策部署，把握新定位、担起新使命，全面部署基础研究、应用基础研究，加强科技人才培养，扎实推动各项改革任务落地见效，持续提升科学基金资助效能，以高质量基础研究支撑科技强国建设。

深化人才资助体制机制改革。稳步推进青年学生基础研究项目试点，前移资助端口，尽早选拔人才。开展国家杰出青年科学基金项目结题分级评价及延续资助工作，推动解决人才项目“帽子化”问题，构建对优秀人才的长周期稳定支持机制。在基础科学中心项目中为青年团队单设赛道，首批遴选 8 个优秀青年团队予以高强度支持，把宝贵的科技资源投向最具创新活力的科研人员。将女性申请国家杰出青年科学基金项目的年龄限制放宽到 48 周岁，强化对女性科技领军人才的培养，7 位女性科研人员因该政策获益。在国家杰出青年科学基金项目中试点临床医师科研评价体系改革，组织专门评审、单设资助指标，24 位临床医学人才获得资助。加强港澳科技人才培养，在开放青年科学基金项目和优秀青年科学基金项目基础上，进一步开放国家杰出青年科学基金项目，三类项目港澳和内地采用相同资助模式和评审标准，同台竞技、择优资助。

拓展基础研究多元投入。截至 2024 年底，已有 32 个省（区、市）加入区域创新发展联合基金，20 家企业加入企业创新发展联合基金，与 11 个行业部门设立 12 个联合基金，新时期联合基金已吸引委外资金 227.6 亿元。强化企业科技创新主体地位，深入推进有基础研究条件的央企研发机构注册成为依托单位，牵头申请承担联合基金项目。优化企业创新发展联合基金和“叶企孙”科学基金限项申请政策，吸引更多优秀团队聚焦联合资助方发展难题联合攻关。探索联合资助新模式，试点与联合资助方合作投入比例提高至 1∶6，强化中央财政杠杆撬动作用。

推动有组织的基础研究。认真履行国家重点研发计划和国家科技重大专项主责单位职责，做好 10 个国家重点研发计划重点专项管理承接工作，编制年度项目指南，完成项目评审与立项批复。启动脑科学与类脑研究国家科技重大专项管理承接工作，组织“脑科学、脑计算与类脑研究”“脑科学回顾与展望”研讨，做好第一期承接总结，推进第二期战略调研。优化科学基金重大类型项目管理，完善国家重大科研仪器研制项目（部门推荐）后评估工作机制，深入开展国家重大科研仪器研制项目、重大项目等调研，研提优化管理思路，稳妥、有序推进重大类型项目改革，切实提升资助效能。

加强国际（地区）科技开放合作。挖掘双（多）边合作渠道和合作潜力，构建全球合作网络，与 54 个国家/地区的 106 个资助机构或国际组织签署合作协议，深化与境外合作伙伴政策对话，积极参与全球科技治理。全面启动面向全球的科学研究基金项目部署，加大对外籍人才的支持力度，将“外国资深学者研究基金团队试点项目”升级为“合作创新研究团队项目”，首批资助 25 项。与教育部联合设立“外籍优秀学生来华读博支持专项（试点）”，资助外籍优秀学生来华学习、开展研究。与欧洲核子研究中心设立重大科学基础设施国际合作研究计划专项，支持我国科研人员参与欧洲核子研究中心国际合作研究。

巩固深化评审专家被“打招呼”顽疾专项整治成果。遵循“正面引导、严明纪法、极限防守、严肃惩戒”的工作原则，实现专项整治对通讯评审、会议评审的全覆盖，进一步加强对项目管理权力的监督和制约，确保评审工作公平公正。深入实施教育、激励、规范、监督、惩戒一体推进的学风建设行动计划，以多种形式加强宣传、教育，严肃惩戒不端行为主体，增强各方抵制评审不端行为的行动自觉。完善评审规则和科研诚信制度体系，为防范和惩治“打招呼”等不端行为提供更加科学、规范的制度保障。

优化申请评审机制。根据基础研究发展的新形势和新要求，将四类科学问题属性简化为“自由探索类基础研究”和“目标导向类基础研究”两类研究属性，对面上项目、青年科学基金项目和重点项目等实施分类评审。强化会议评审作用，完善答辩类项目会议评审期间通讯评审意见显示方式，采取加强会议评审投票结果保密相关措施，引导评审专家更客观地作出学术判断，免除投票的后顾之忧。严格国家重大科研仪器研制项目预算编报，按照目标相关、政策相符、经济合理的原则，严肃认真编制项目预算，申请经费严重超过实际需求将不予资助。

二、财政预算支出与资助总体情况

（一）财政预算总体支出情况

2024 年，国家自然科学基金财政预算 3 633 164.05 万元，其中，资助项目经费预算 3 577 270.18 万元。2024 年完成资助项目资金拨款 3 513 778.03 万元，其中，资助项目直接费用拨款 2 992 182.15 万元，间接费用拨款 521 595.88 万元。

2024 年度国家自然科学基金财政预算统计见表 1–2–1。

表 1–2–1　2024 年度国家自然科学基金财政预算统计

序　号	项目类型	当年财政预算（万元）	当年财政支出（万元）
1	面上项目	1 317 015.85	1 310 326.96
2	重点项目	229 257.24	226 170.63
3	重大项目	96 769.29	93 557.04
4	重大研究计划项目	91 207.10	89 298.80
5	国际（地区）合作研究项目	75 900.38	74 994.04
6	青年科学基金项目	777 405.17	772 521.71
7	优秀青年科学基金项目	130 989.74	130 390.38
8	国家杰出青年科学基金项目	177 349.46	170 277.78
9	创新研究群体项目	51 695.55	51 615.55
10	地区科学基金项目	142 748.48	140 748.28
11	联合基金项目	76 005.70	76 005.70
12	国家重大科研仪器研制项目	95 101.50	94 451.32
13	基础科学中心项目	114 063.98	114 063.98
14	专项项目	159 237.11	131 630.97
15	数学天元基金项目	6 840.00	6 788.00
16	外国学者研究基金项目	27 330.14	26 495.42
17	国际（地区）合作交流项目	3 353.49	1 500.07
18	面向全球的科学研究基金项目	5 000.00	2 941.40
合　计		3 577 270.18	3 513 778.03

（二）资助总体情况

2024 年，国家自然科学基金资助各类项目 3 964 516.36 万元，其中，资助项目直接费用 3 358 112.07 万元，核定 1 214 个依托单位间接费用 606 404.29 万元。

2024 年度国家自然科学基金资助项目经费统计见表 1–2–2。

表 1-2-2　2024 年度国家自然科学基金资助项目经费统计

序　号	项目类型		资助数（项）	资助金额（万元）		
				直接费用 *	间接费用	合计
1	面上项目		20 758	1 013 711.00	302 390.97	1 316 101.97
2	重点项目		745	167 970.00	49 263.03	217 233.03
3	重大项目		48	70 801.00	20 764.62	91 565.62
4	重大研究计划项目		419	81 628.00	20 920.46	102 548.46
5	国际（地区）合作研究项目		350	64 357.00	18 660.89	83 017.89
6	青年科学基金项目 *		23 226	696 780.00		696 780.00
7	优秀青年科学基金项目 *		654	130 800.00		130 800.00
8	国家杰出青年科学基金项目 *	新批	433	169 960.00		169 960.00
		延续	41	32 080.00		32 080.00
9	创新研究群体项目		43	42 400.00	8 600.00	51 000.00
10	地区科学基金项目		3 519	110 823.00	33 523.69	144 346.69
11	联合基金项目（含联合资助方）		1 306	367 262.00	69 243.45	436 505.45
12	国家重大科研仪器研制项目		71	83 699.64	19 024.56	102 724.20
13	基础科学中心项目	新批	18	107 000.00	20 723.42	127 723.42
		延续	4	23 909.55	4 501.41	28 410.96
14	专项项目 *		2 237	144 610.50	28 763.68	173 374.18
15	数学天元基金项目		155	7 000.00		7 000.00
16	外国学者研究基金项目		315	19 882.00	5 964.66	25 846.66
17	国际（地区）合作交流项目		443	4 075.38		4 075.38
18	面向全球的科学研究基金项目		74	19 363.00	4 059.45	23 422.45
合　计			54 859	3 358 112.07	606 404.29	3 964 516.36

注：①间接费用数据统计包含以前年度未核定间接费用纳入本次核定的项目数据。

②直接费用合计金额包含包干制项目经费，青年科学基金项目、优秀青年科学基金项目、国家杰出青年科学基金项目以及专项项目中的青年学生基础研究项目实行经费包干制。

三、结题总体情况

2024 年国家自然科学基金结题项目 44 851 项，相关研究成果获国家级奖励 319 项次，其中国家自然科学奖 90 项次，国家科学技术进步奖 172 项次，国家技术发明奖 57 项次；获省部级奖励 5 561 项次；获国外授权专利 1 809 项次，国内授权专利 46 709 项次。

2024 年度国家自然科学基金结题项目成果统计见表 1-3-1。

表 1-3-1　2024 年度国家自然科学基金结题项目成果统计

成果形式		面上项目	重点项目	重大项目	重大研究计划项目	青年科学基金项目	优秀青年科学基金项目	国家杰出青年科学基金项目	创新研究群体项目	地区科学基金项目	海外及港澳学者合作研究基金项目	联合基金项目	国家重大科研仪器研制项目	基础科学中心项目	专项项目	数学天元基金项目	国际（地区）合作与交流项目
结题项目数（项）		18 938	690	135	431	18 238	624	199	38	2 950	21	839	98	4	707	92	613
论著（篇 / 部）	国际学术会议特邀报告	4 120	1 027	393	287	1 155	482	465	248	109	22	435	258	176	99	16	558
	国内学术会议特邀报告	9 786	1 936	711	566	2 459	933	873	269	527	42	1 077	357	185	367	15	663
	期刊论文	238 572	28 785	10 334	7 339	103 959	8 731	7 784	5 151	26 749	495	22 773	4 157	2 123	2 621	301	9 602
	会议论文	19 096	3 397	208	263	8 395	994	536	355	1 510	75	3 675	265	12	203	13	650
	SCI 检索系统收录	138 297	16 191	4 599	4 480	57 089	5 355	5 324	2 880	11 815	337	12 386	2 398	1 630	1 316	155	5 613
	EI 检索系统收录	16 640	2 371	244	196	8 084	728	487	140	1 785	34	2 569	242	12	185	5	472
	专著	2 682	388	95	52	1 183	129	128	64	471	2	264	38	2	47	1	140
专利（项次）	国外授权专利	792	116	47	28	307	32	93	16	125	1	112	70	11	5	1	53
	国内授权专利	21 541	3 080	1 053	453	9 388	911	1 317	760	2 345	10	3 297	1 241	297	163	11	842
获奖情况（项次）	国家级奖	138	31	23	4	27	12	22	13	7	0	24	11	3	0	0	4
	省部级奖	2 747	342	89	78	1 101	156	136	71	277	4	354	41	11	41	4	109
人才培养（人）	博士后	2 240	633	279	165	700	177	358	198	37	8	290	91	65	92	9	263
	博士生	20 959	3 851	1 393	1 038	2 755	913	1 372	1 089	787	46	2 283	665	257	291	35	1 251
	硕士生	54 847	5 094	1 233	1 097	12 445	1 582	1 570	1 024	7 894	66	5 394	955	93	492	56	1 799

注：①数据来源于项目负责人提供的结题报告；

②国际（地区）合作与交流项目包括国际（地区）合作研究项目和国际（地区）合作交流项目。

第二部分

资助情况与资助项目选介

NSFC

一、各类项目申请与资助统计

（一）面上项目

支持从事基础研究的科学技术人员在科学基金资助范围内自主选题，开展创新性的科学研究，促进各学科均衡、协调和可持续发展。

2024 年度面上项目申请总数 177 982 项。按两类研究属性划分项目申请总数，其中，自由探索类基础研究占 35.51%，目标导向类基础研究占 64.49%。

2024 年度面上项目申请与资助统计数据见表 2-1-1、表 2-1-2；项目负责人年龄段统计情况如图 2-1-1 所示，项目组成人员情况如图 2-1-2 所示。

表 2-1-1　2024 年度面上项目按科学部统计申请与资助情况

科学部	申请数（项）	资助数（项）	资助直接费用（万元）	平均资助强度[①]（万元 / 项）	资助率[②]（%）
数学物理科学部	12 939	1 889	94 480.00	50.02	14.60
化学科学部	15 146	2 024	101 162.00	49.98	13.36
生命科学部	25 839	3 218	160 890.00	50.00	12.45
地球科学部	14 940	2 241	107 568.00	48.00	15.00
工程与材料科学部	32 414	3 658	175 891.00	48.08	11.29
信息科学部	18 650	2 203	110 150.00	50.00	11.81
管理科学部	6 256	841	34 050.00	40.49	13.44
医学科学部	51 798	4 684	229 520.00	49.00	9.04
合　计	177 982	20 758	1 013 711.00	48.83	11.66

注：①平均资助强度 = 资助直接费用 / 资助数（下同）。

②资助率 = 资助数 / 申请数（下同）。

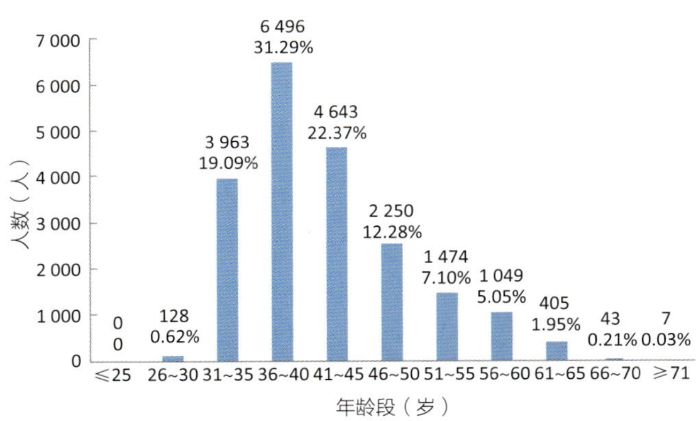

图 2-1-1　2024 年度面上项目负责人按年龄段统计

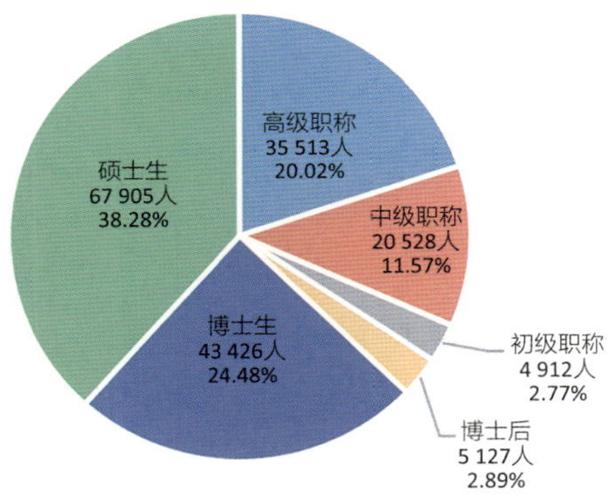

图 2-1-2　2024 年度面上项目组成人员分布及所占比例

表 2-1-2　2024 年度面上项目按地区统计资助情况

序　号	省、自治区、直辖市	资助数（项）	资助直接费用（万元）	序　号	省、自治区、直辖市	资助数（项）	资助直接费用（万元）
1	北　京	3 266	159 531.99	17	河　南	377	18 511.39
2	上　海	2 223	108 257.04	18	吉　林	323	15 915.89
3	江　苏	2 148	104 671.38	19	甘　肃	219	10 768.23
4	广　东	2 135	104 379.69	20	山　西	157	7 731.34
5	湖　北	1 208	58 510.24	21	河　北	154	7 551.56
6	浙　江	1 158	56 891.09	22	云　南	146	7 182.39
7	陕　西	1 080	52 795.31	23	江　西	104	5 037.39
8	山　东	1 010	49 435.84	24	广　西	68	3 321.78
9	四　川	813	39 830.29	25	海　南	63	3 137.50
10	湖　南	766	37 223.39	26	贵　州	61	3 027.00
11	安　徽	623	30 528.23	27	新　疆	47	2 310.39
12	天　津	595	29 035.46	28	内蒙古	23	1 116.39
13	辽　宁	586	28 564.24	29	宁　夏	10	492.00
14	福　建	487	23 664.67	30	青　海	5	246.00
15	黑龙江	459	22 429.22	31	西　藏	1	50.00
16	重　庆	443	21 563.67	合　计		20 758	1 013 711.00

（二）重点项目

支持从事基础研究的科学技术人员针对已有较好基础的研究方向或学科生长点开展深入、系统的创新性研究，促进学科发展，推动若干重要领域或科学前沿取得突破。

2024 年度重点项目申请总数 4 514 项。按两类研究属性划分项目申请总数，其中，自由探索类基础研究占 35.14%，目标导向类基础研究占 64.86%。

2024 年度重点项目申请与资助统计数据见表 2-1-3；项目负责人年龄段统计情况如图 2-1-3 所示，项目组成人员情况如图 2-1-4 所示。

表 2-1-3　2024 年度重点项目按科学部统计申请与资助情况

科学部	申请数（项）	资助数（项）	资助直接费用（万元）	平均资助强度（万元 / 项）	资助率（%）
数学物理科学部	561	91	20 930.00	230.00	16.22
化学科学部	321	67	15 410.00	230.00	20.87
生命科学部	747	110	24 150.00	219.55	14.73
地球科学部	659	108	24 840.00	230.00	16.39
工程与材料科学部	769	105	24 150.00	230.00	13.65
信息科学部	433	105	24 150.00	230.00	24.25
管理科学部	181	32	5 140.00	160.63	17.68

续 表

科学部	申请数（项）	资助数（项）	资助直接费用（万元）	平均资助强度（万元 / 项）	资助率（%）
医学科学部	843	127	29 200.00	229.92	15.07
合　计	4 514	745	167 970.00	225.46	16.50

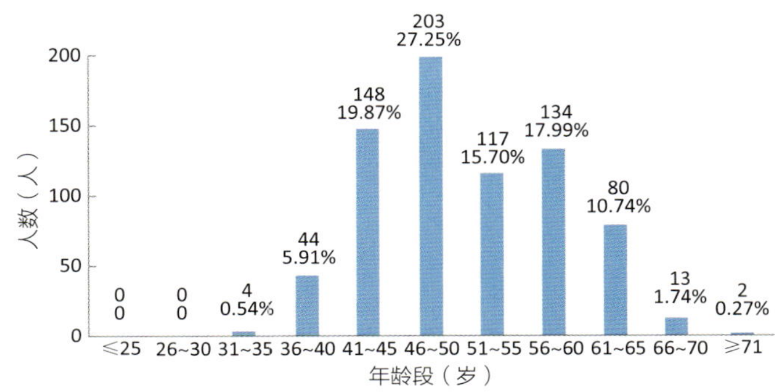

图 2-1-3　2024 年度重点项目负责人按年龄段统计

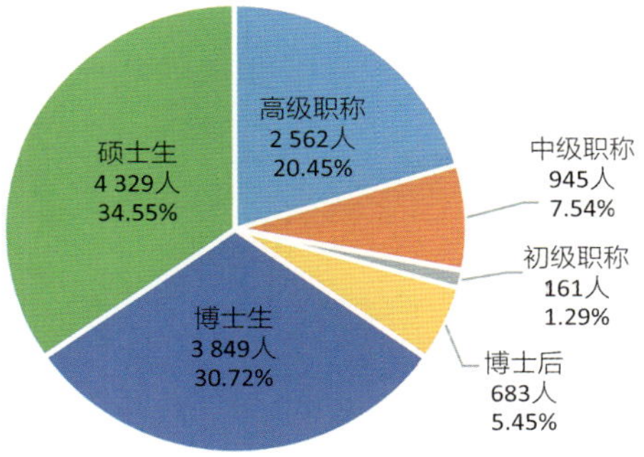

图 2-1-4　2024 年度重点项目组成人员分布及所占比例

（三）重大项目

面向科学前沿和国家经济、社会、科技发展及国家安全的重大需求中的重大科学问题，超前部署，开展多学科交叉研究和综合性研究，充分发挥支撑与引领作用，提升我国基础研究源头创新能力。

2024 年度重大项目接收申请 109 项，经专家评审，批准资助 48 项，总直接费用为 70 801.00 万元。

2024 年度重大项目申请与资助统计数据见表 2-1-4。

表 2-1-4　2024 年度重大项目按科学部统计申请与资助情况

科学部	申请数（项）	资助数（项）	资助直接费用（万元）	平均资助强度（万元 / 项）
数学物理科学部	9	6	9 000.00	1 500.00
化学科学部	19	6	9 000.00	1 500.00
生命科学部	15	5	7 500.00	1 500.00
地球科学部	11	6	9 000.00	1 500.00
工程与材料科学部	10	6	8 957.50	1 492.92
信息科学部	12	6	8 914.00	1 485.67
管理科学部	7	3	3 570.00	1 190.00
医学科学部	14	4	5 977.50	1 494.38
交叉科学部	12	6	8 882.00	1 480.33
合　计	109	48	70 801.00	1 475.02

（四）重大研究计划项目

围绕国家重大战略需求和重大科学前沿，加强顶层设计，凝练科学目标，凝聚优势力量，形成具有相对统一目标或方向的项目集群，促进学科交叉与融合，培养创新人才和团队，提升我国基础研究的原始创新能力，为国民经济、社会发展和国家安全提供科学支撑。

2024 年度重大研究计划项目申请与资助情况见表 2-1-5。

表 2-1-5　2024 年度重大研究计划项目申请与资助情况

序　号	重大研究计划名称	申请数（项）	资助数（项）	资助直接费用（万元）
1	免疫力数字解码	136	20	3 698.00
2	共融机器人基础理论与关键技术研究	1	1*	406.00
3	关键金属冶金的科学基础	166	29	4 000.00
4	冠状病毒 - 宿主免疫互作的全景动态机制与干预策略	140	18	2 108.00
5	功能基元序构的高性能材料基础研究	32	11	7 300.00
6	原子级制造基础研究	1	1*	700.00
7	可解释、可通用的下一代人工智能方法	268	34	3 520.00
8	后摩尔时代新器件基础研究	54	15	7 000.00
9	团簇构造、功能及多级演化	48	15	4 698.00
10	地球宜居性的深部驱动机制	73	25	4 855.00
11	多层次手性物质的精准构筑	1	1*	350.00
12	多物理场高效飞行科学基础与调控机理	56	19	4 171.00
13	战略性关键金属超常富集成矿动力学	16	7	3 500.00
14	未来工业互联网基础理论与关键技术	120	17	4 100.00
15	极端条件电磁能装备科学基础	35	4	2 100.00
16	水圈微生物驱动地球元素循环的机制	5	3	318.00
17	破译生命的糖质密码	186	41	4 250.00
18	第二代量子体系的构筑和操控	10	2	600.00
19	糖脂代谢的时空网络调控	19	2	800.00
20	组织器官再生修复的信息解码及有序调控	346	16	2 934.00
21	肿瘤演进与诊疗的分子功能可视化研究	65	5	1 680.00
22	西太平洋地球系统多圈层相互作用	1	1*	920.00
23	赋能药物创新的 RNA 基础研究	1	1*	700.00
24	超越传统的电池体系	217	32	3 850.00
25	集成芯片前沿技术科学基础	87	23	3 600.00
25	面向人机物融合的智能化软件基础研究	1	1*	700.00
27	面向未来技术的表界面科学基础	538	49	4 830.00
28	高精度量子操控与探测	134	26	3 940.00
合　计		2 757	419	81 628.00

注：资助数据中 1 项的为战略研究项目，用于支持指导专家组进行战略调研、项目跟踪、专题研讨以及学术交流等。

（五）国际（地区）合作研究项目

资助科学技术人员立足国际科学前沿，有效利用国际科技资源，本着平等合作、互利互惠、成果共享的原则开展实质性国际（地区）合作研究。国际（地区）合作研究项目包括重点国际（地区）合作研究项目和组织间国际（地区）合作研究项目。

重点国际（地区）合作研究项目资助具有良好合作基础的科学技术人员围绕世界科学前沿和人类共同挑战与境外合作者开展国际（地区）合作研究。应当充分发挥申请人和外方团队的学术优势，体现合作的必要性和互补性，鼓励我国科学家组织或参与国际大型科学研究项目，以及利用国内外大型科学设施开展合作。

组织间国际（地区）合作研究项目旨在扩大双（多）边合作，充分利用和发挥国际科技组织在开展跨国跨境科学研究计划中的协调机制，推进中国科学家参与、筹划和开展有重要科学意义的跨国跨境的区域性研究计划，积极推进与共建“一带一路”国家的合作及“一带一路”可持续发展国际合作科学计划的实施；重视并持续加强与港澳台地区科学家的合作与交流。

2024 年度国际（地区）合作研究项目申请与资助统计数据见表 2-1-6、表 2-1-7。

表 2-1-6　2024 年度重点国际（地区）合作研究项目按申请代码所属领域统计申请与资助情况

领　域	申请数（项）	资助数（项）	资助直接费用（万元）	平均资助强度（万元 / 项）
数学物理科学	24	5	1 120.00	224.00
化学科学	26	5	1 200.00	240.00
生命科学	91	16	3 840.00	240.00
地球科学	64	11	2 640.00	240.00
工程与材料科学	73	13	3 120.00	240.00
信息科学	62	11	2 640.00	240.00
管理科学	26	5	1 000.00	200.00
医学科学	118	21	5 040.00	240.00
合计 / 平均值	484	87	20 600.00	236.78

表 2-1-7　2024 年度组织间国际（地区）合作研究项目按申请代码所属领域统计申请与资助情况

领　域	申请数（项）	资助数（项）	资助直接费用（万元）	平均资助强度（万元 / 项）
数学物理科学	203	21	3 280.00	156.19
化学科学	216	23	3 928.00	170.78
生命科学	519	57	9 808.00	172.07
地球科学	479	55	9 448.00	171.78
工程与材料科学	716	48	7 264.00	151.33
信息科学	355	30	5 470.00	182.33
管理科学	130	7	1 219.00	174.14
医学科学	276	22	3 340.00	151.82
合计 / 平均值	2 894	263	43 757.00	166.38

（六）青年科学基金项目

支持青年科学技术人员在科学基金资助范围内自主选题，开展基础研究工作，特别注重培养青年科学技术人员独立主持科研项目、进行创新研究的能力，激励青年科学技术人员的创新思维，培育基础研究后继人才。2024 年，青年科学基金项目继续面向港澳地区依托单位的科学技术人员开放申请，采用与内地依托单位科研人员相同的资助模式和评审标准。

2024 年度青年科学基金项目申请与资助统计数据见表 2–1–8、表 2–1–9；项目负责人专业技术职务统计如图 2–1–5 所示，学位统计如图 2–1–6 所示。

表 2–1–8　2024 年度青年科学基金项目按科学部统计申请与资助情况

科学部	申请数（项）	资助数（项）	资助经费（万元）	资助率（%）
数学物理科学部	10 077	2 294	68 820.00	22.76
化学科学部	12 541	2 112	63 360.00	16.84
生命科学部	20 994	3 094	92 820.00	14.74
地球科学部	11 292	2 300	69 000.00	20.37
工程与材料科学部	23 950	3 978	119 340.00	16.61
信息科学部	13 482	2 719	81 570.00	20.17
管理科学部	8 299	1 113	33 390.00	13.41
医学科学部	48 854	5 616	16 8480.00	11.50
合计 / 平均值	149 489	23 226	696 780.00	15.54

注：男性申请 70 220 项，资助 13 354 项；女性申请 79 269 项，资助 9 872 项。

表 2–1–9　2024 年度青年科学基金项目按地区统计申请与资助情况

序　号	省、自治区、直辖市、特别行政区	申请数（项）	资助数（项）	资助经费（万元）	资助率（%）
1	北　京	16 044	3 324	99 720.00	20.72
2	江　苏	14 183	2 409	72 270.00	16.99
3	广　东	14 300	2 389	71 670.00	16.71
4	上　海	11 577	1 969	59 070.00	17.01
5	浙　江	10 703	1 595	47 850.00	14.90
6	山　东	9 541	1 246	37 380.00	13.06
7	陕　西	6 788	1 148	34 440.00	16.91
8	湖　北	6 796	1 144	34 320.00	16.83
9	四　川	6 964	1 051	31 530.00	15.09
10	湖　南	4 859	841	25 230.00	17.31
11	河　南	6 928	755	22 650.00	10.90
12	安　徽	5 143	720	21 600.00	14.00
13	辽　宁	4 164	559	16 770.00	13.42
14	重　庆	3 808	540	16 200.00	14.18

续 表

序 号	省、自治区、直辖市、特别行政区	申请数（项）	资助数（项）	资助经费（万元）	资助率（%）
15	天 津	3 370	495	14 850.00	14.69
16	黑龙江	2 362	465	13 950.00	19.69
17	福 建	3 134	460	13 800.00	14.68
18	山 西	2 760	288	8 640.00	10.43
19	吉 林	2 210	280	8 400.00	12.67
20	河 北	2 320	242	7 260.00	10.43
21	甘 肃	1 479	209	6 270.00	14.13
22	江 西	2 011	202	6 060.00	10.04
23	云 南	1 624	181	5 430.00	11.15
24	海 南	1 022	149	4 470.00	14.58
25	广 西	1 569	130	3 900.00	8.29
26	贵 州	1 137	114	3 420.00	10.03
27	新 疆	996	91	2 730.00	9.14
28	香 港	231	78	2 340.00	33.77
29	内蒙古	777	70	2 100.00	9.01
30	宁 夏	357	42	1 260.00	11.76
31	青 海	239	17	510.00	7.11
32	澳 门	71	17	510.00	23.94
33	西 藏	22	6	180.00	27.27
合计 / 平均值		149 489	23 226	696 780.00	15.54

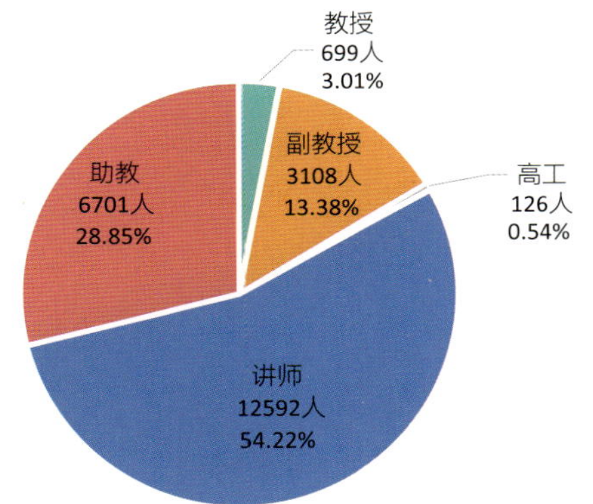

图 2-1-5　2024 年度青年科学基金项目负责人专业技术职务分布及所占比例

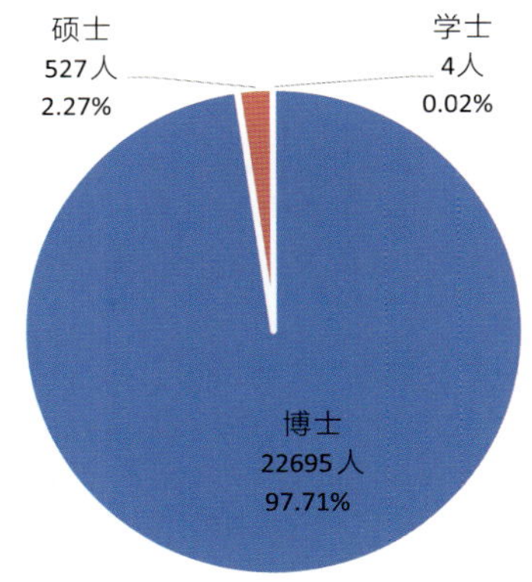

图 2-1-6　2024 年度青年科学基金项目负责人学位分布及所占比例

（七）优秀青年科学基金项目

支持在基础研究方面已取得较好成绩的青年学者自主选择研究方向开展创新研究，促进青年科学技术人才的快速成长，培养一批有望进入世界科技前沿的优秀学术骨干。

为支持香港特别行政区、澳门特别行政区科技创新发展，鼓励爱国爱港爱澳高素质科技人才参与中央财政科技计划，为建设科技强国贡献力量，自然科学基金委从 2019 年起面向港澳地区依托单位科学技术人员，开放优秀青年科学基金项目（港澳）申请。自 2024 年起，将优秀青年科学基金项目（港澳）并入优秀青年科学基金项目，资助模式和评审标准与内地依托单位申请人保持一致，同台竞争，择优资助。

2024 年度优秀青年科学基金项目接收申请 8 394 项，经专家评审，批准资助 654 项。实行经费包干制，资助经费为 200.00 万元/项，总资助经费为 130 800.00 万元。

2024 年度优秀青年科学基金项目申请与资助统计数据见表 2-1-10。

表 2-1-10　2024 年度优秀青年科学基金项目按科学部统计申请与资助情况

科学部	申请数（项）	资助数（项）	资助经费（万元）
数学物理科学部	985	74	14 800.00
化学科学部	1 017	88	17 600.00
生命科学部	1 130	89	17 800.00
地球科学部	861	60	12 000.00
工程与材料科学部	1 440	116	23 200.00
信息科学部	1 134	95	19 000.00
管理科学部	240	23	4 600.00
医学科学部	1 061	78	15 600.00
交叉科学部	526	31	6 200.00
合　计	8 394	654	130 800.00

注：男性申请 6 315 项，资助 498 项；女性申请 2 079 项，资助 156 项。港澳地区申请 223 项，资助 29 项。

（八）国家杰出青年科学基金项目

支持在基础研究方面已取得突出成绩的青年学者自主选择研究方向开展创新研究，促进青年科学技术人才的成长，吸引海外人才，培养和造就一批进入世界科技前沿的优秀学术带头人。

为进一步加大对港澳地区科技领军人才培养的支持力度，积极回应港澳科技界关于扩大科学基金开放度的呼声，自然科学基金委从 2024 年起面向港澳地区依托单位科学技术人员，开放国家杰出青年科学基金项目申请，资助模式和评审标准与内地依托单位申请人保持一致，一视同仁，同台竞争，择优资助。

2024 年度共有 5 957 名青年学者申请国家杰出青年科学基金项目，经专家评审，433 人获得资助。实行经费包干制，资助经费为 400.00 万元/项（数学和管理科学为 280.00 万元/项），总资助经费为 169 960.00 万元。

2024 年度国家杰出青年科学基金项目申请与资助统计数据见表 2-1-11。

表 2-1-11　2024 年度国家杰出青年科学基金项目按科学部统计申请与资助情况

科学部	申请数（项）	资助数（项）	资助经费（万元）
数学物理科学部	775	52	19 120.00
化学科学部	733	55	22 000.00
生命科学部	713	51	20 400.00
地球科学部	587	42	16 800.00
工程与材料科学部	954	78	31 200.00
信息科学部	731	53	21 200.00
管理科学部	159	13	3 640.00
医学科学部	782	60	24 000.00
交叉科学部	523	29	11 600.00
合　计	5 957	433	169 960.00

注：男性申请 4 979 项，资助 368 项；女性申请 978 项，资助 65 项。港澳地区申请 138 项，资助 21 项。

2024 年，自然科学基金委首次开展国家杰出青年科学基金项目考核评估与延续资助。在 2023 年底资助期满的 199 位获资助者中，有 160 位申请延续资助，其中有 41 人获得延续资助。2024 年度国家杰出青年科学基金项目（延续资助）申请与资助数据见表 2-1-12。

表 2-1-12　2024 年度国家杰出青年科学基金项目（延续资助）按科学部统计申请与资助情况

科学部	申请数（项）	资助数（项）	资助经费（万元）
数学物理科学部	19	5	3 760.00
化学科学部	24	6	4 800.00
生命科学部	21	5	4 000.00
地球科学部	14	4	3 200.00
工程与材料科学部	33	8	6 400.00
信息科学部	24	6	4 800.00
管理科学部	5	2	1 120.00
医学科学部	20	5	4 000.00
合　计	160	41	32 080.00

注：男性申请 142 项，资助 39 项；女性申请 18 项，资助 2 项。

（九）创新研究群体项目

支持优秀中青年科学家为学术带头人和研究骨干，共同围绕一个重要研究方向合作开展创新研究，培养和造就在国际科学前沿占有一席之地的研究群体。

2024 年度创新研究群体项目接收申请 392 项，经专家评审，批准资助 43 项，直接费用为 1 000.00 万元/项（数学和管理科学直接费用为 800.00 万元/项），总直接费用为 42 400.00 万元，间接费用为 200.00 万元/项。

2024 年度创新研究群体项目申请与资助统计数据见表 2-1-13。

表 2-1-13　2024 年度创新研究群体项目按科学部统计申请与资助情况

科学部	申请数（项）	资助数（项）	资助直接费用（万元）
数学物理科学部	38	5	4 800.00
化学科学部	43	5	5 000.00
生命科学部	52	5	5 000.00
地球科学部	50	5	5 000.00
工程与材料科学部	62	6	6 000.00
信息科学部	53	5	5 000.00
管理科学部	9	2	1 600.00
医学科学部	44	5	5 000.00
交叉科学部	41	5	5 000.00
合　计	392	43	42 400.00

（十）地区科学基金项目

支持特定地区的部分依托单位的科学技术人员在科学基金资助范围内开展创新性的科学研究，培养和扶植该地区的科学技术人员，稳定和凝聚优秀人才，为区域创新体系建设与经济、社会发展服务。

2024 年度地区科学基金项目申请与资助统计数据见表 2-1-14；项目负责人年龄段统计情况如图 2-1-7 所示，项目组成人员情况如图 2-1-8 所示。

表 2-1-14　2024 年度地区科学基金项目按地区统计申请与资助情况

序　号	省、自治区	申请数（项）	资助数（项）	资助经费（万元）	资助率（%）
1	江　西	5 093	731	22 930.10	14.35
2	广　西	4 119	522	16 441.60	12.67
3	云　南	4 087	469	14 744.00	11.48
4	贵　州	3 993	458	14 466.10	11.47
5	新　疆	2 578	274	8 650.85	10.63

续 表

序 号	省、自治区	申请数（项）	资助数（项）	资助经费（万元）	资助率（%）
6	甘 肃	2 301	272	8 568.30	11.82
7	海 南	1 512	259	8 178.45	17.13
8	内蒙古	1 954	240	7 576.40	12.28
9	宁 夏	1 103	143	4 492.75	12.96
10	陕 西	412	47	1 486.80	11.41
11	青 海	475	44	1 401.65	9.26
12	湖 南	105	22	684.00	20.95
13	吉 林	178	16	509.00	8.99
14	西 藏	84	11	351.00	13.10
15	湖 北	99	7	216.00	7.07
16	四 川	81	4	126.00	4.94
合计 / 平均值		28 174	3 519	110 823.00	12.49

注：男性申请 17 581 项，资助 2 296 项；女性申请 10 593 项，资助 1 223 项。

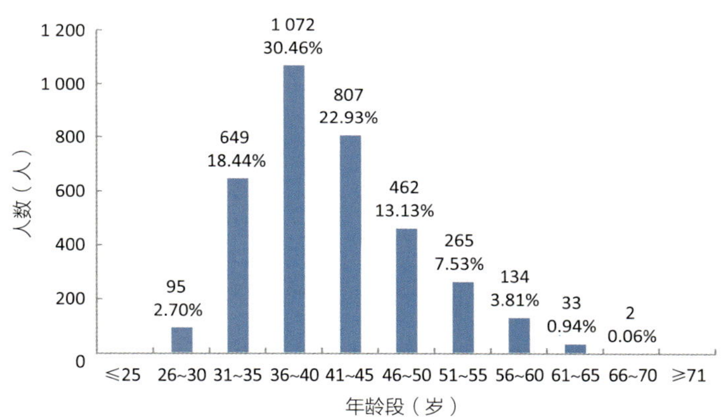

图 2-1-7 2024 年度地区科学基金项目负责人按年龄段统计情况

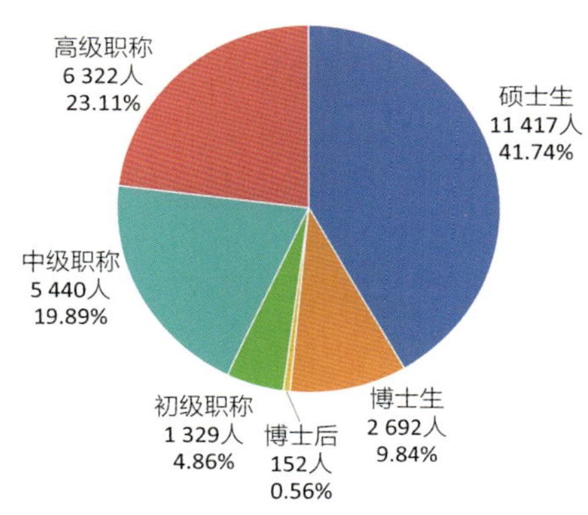

图 2-1-8 2024 年度地区科学基金项目组成人员分布及所占比例

（十一）联合基金项目

联合基金旨在发挥国家自然科学基金的导向作用，引导与整合社会资源投入基础研究，促进有关部门、企业、地区与高等学校和科学研究机构的合作，培养科学与技术人才，推动我国相关领域、行业、区域自主创新能力的提升。

2024 年共资助联合基金项目 1 306 项，直接费用为 36.73 亿元。其中，区域创新发展联合基金资助项目 830 项，直接费用为 22.55 亿元；企业创新发展联合基金资助项目 221 项，直接费用为 7.59 亿元；与行业部门设立的联合基金资助项目 255 项，直接费用为 6.59 亿元。

2024 年度联合基金项目申请与资助情况见表 2-1-15。

表 2-1-15　2024 年度联合基金项目申请与资助情况

序　号	联合基金名称	申请数（项）	资助数（项）	资助直接费用（万元）
1	区域创新发展联合基金	3 323	830	225 531.00
2	企业创新发展联合基金	1 410	221	75 851.00
3	NSAF 联合基金	61	15	3 674.00
4	民航联合研究基金	68	18	3 780.00
5	气象联合基金	86	22	6 460.00
6	“叶企孙”科学基金	595	91	23 570.00
7	地质联合基金	87	21	5 460.00
8	通用技术基础研究联合基金	54	11	3 466.00
9	铁路基础研究联合基金	163	32	8 198.00
10	铁路创新发展联合基金	114	13	3 074.00
11	黄河水科学联合基金	136	32	8 198.00
合　计		6 097	1 306	367 262.00

（十二）国家重大科研仪器研制项目

面向科学前沿和国家需求，以科学目标为导向，资助对促进科学发展、探索自然规律和开拓研究领域具有重要作用的原创性科研仪器与核心部件的研制，以提升我国的原始创新能力。

2024 年度国家重大科研仪器研制项目（自由申请）接收申请 709 项，共资助 67 项，资助直接费用为 51 964.64 万元，直接费用平均资助强度为 775.59 万元/项；国家重大科研仪器研制项目（部门推荐）推荐 38 项，共资助 4 项，资助直接费用为 31 735 万元，直接费用平均资助强度为 7 933.75 万元/项。

2024 年度国家重大科研仪器研制项目（自由申请）申请与资助统计数据见表 2-1-16。

表 2-1-16　2024 年度国家重大科研仪器研制项目（自由申请）按科学部统计申请与资助情况

科学部	申请数（项）	资助数（项）	资助直接费用（万元）	平均资助强度（万元/项）
数学物理科学部	100	11	8 527.80	775.25
化学科学部	79	7	5 324.02	760.57
生命科学部	27	2	1 527.00	763.50
地球科学部	82	5	4 004.98	801.00
工程与材料科学部	132	13	10 367.79	797.52
信息科学部	218	20	15 405.03	770.25
医学科学部	71	9	6 808.02	756.45
合计/平均值	709	67	51 964.64	775.59

（十三）基础科学中心项目

旨在集中和整合国内优势科研资源，瞄准国际科学前沿，超前部署，充分发挥科学基金制的优势和特色，依靠高水平学术带头人，吸引和凝聚优秀科技人才，着力推动学科深度交叉融合，相对长期稳定地支持科研人员潜心研究和探索，致力科学前沿突破，产出一批国际领先水平的原创成果，抢占国际科学发展的制高点，形成若干具有重要国际影响的学术高地。

2024 年度基础科学中心项目接收申请 170 项，经专家评审，批准资助 18 项，总直接费用为 107 000.00 万元。其中，基础科学中心项目 A 类接收申请 71 项，批准资助 10 项，总直接费用为 59 000.00 万元；基础科学中心项目 B 类接收申请 99 项，批准资助 8 项，总直接费用为 48 000.00 万元。

2024 年度基础科学中心项目申请与资助统计数据见表 2–1–17。

自 2022 年起，开展基础科学中心项目延续资助工作。2018 年批准的基础科学中心项目有 4 项获得延续资助，总直接费用为 23 909.55 万元。

表 2–1–17　2024 年度基础科学中心项目按科学部统计申请与资助情况

科学部	申请数（项）	资助数（项）	资助直接费用（万元）
数学物理科学部	21	2	12 000.00
化学科学部	18	1	6 000.00
生命科学部	19	4	24 000.00
地球科学部	22	2	12 000.00
工程与材料科学部	17	2	12 000.00
信息科学部	21	1	6 000.00
管理科学部	9	1	5 000.00
医学科学部	15	2	12 000.00
交叉科学部	28	3	18 000.00
合　计	170	18	107 000.00

（十四）专项项目

支持需要及时资助的创新研究，以及与国家自然科学基金发展相关的科技活动等。专项项目分为研究项目、科技活动项目、原创探索计划项目和青年学生基础研究项目。

其中，研究项目用于资助及时落实国家经济社会与科学技术等领域战略部署的研究，重大突发事件中涉及的关键科学问题研究，需要及时资助的创新性强、有发展潜力、涉及前沿科学问题的研究；科技活动项目用于资助与国家自然科学基金发展相关的战略与管理研究、学术交流、科学传播、平台建设等活动；原创探索计划项目资助科研人员提出原创学术思想、开展探索性与风险性强的原创性基础研究工作，如提出新理论、新方法和揭示新规律等，旨在培育或产出从无到有的引领性原创成果，解决科学难题、引领研究方向或开拓研究领域，为推动我国基础研究高质量发展提供源头供给；青年学生基础研究项目设立于2023年，支持优秀本科生、优秀博士研究生作为负责人开展基础研究，前移资助端口，激励创新研究，为构建高水平基础研究人才队伍提供“源头活水”。

2024 年度专项项目资助统计数据见表 2–1–18。

表 2–1–18　2024 年度专项项目按项目类别统计资助情况

序　号	项目类别		申请数（项）	资助数（项）	资助直接费用（万元）
1	研究项目	科学部综合研究项目	3 384	389	56 643.75
		管理学部应急管理项目	300	24	519.00
		理论物理专款研究项目	197	87	5 260.00
		重大疾病智慧诊疗	876	28	4 060.00
		针刺原理的生物学基础及临床转化研究	47	5	1 150.00
		临床高等级循证证据支持的针刺关键科学问题研究	34	7	1 450.00
2	科技活动项目	科学部综合科技活动项目	2 171	377	4 801.75
		理论物理专款科技活动项目	54	20	740.00
		共享航次计划科学考察项目	23	14	6 950.00
		局室委托任务及软课题	152	141	5 183.00
		扶贫工作专款	9	9	300.00
		香山科学会议	1	1	300.00
		共享航次计划战略研究项目	1	1	50.00
3	指南引导类原创探索计划项目	指南引导类原创探索计划项目	191	87	14 797.00
4	专家推荐类原创探索计划项目	专家推荐类原创探索计划项目	199	78	12 646.00
5	原创探索计划项目延续资助	原创探索计划项目延续资助	33	18	4 050.00
6	青年学生基础研究项目（本科生）	青年学生基础研究项目（本科生）	145	141	1 410.00
7	青年学生基础研究项目（博士研究生）	青年学生基础研究项目（博士研究生）	1 535	810	24 300.00
合　计			9 352	2 237	144 610.50

注：青年学生基础研究项目实行经费包干制。

（十五）数学天元基金项目

为凝聚数学家集体智慧，探索符合数学特点和发展规律的资助方式，推动建设数学强国而设立的专项科学基金。数学天元基金项目支持科学技术人员结合数学学科特点和需求，开展科学研究，培育青年人才，促进学术交流，优化研究环境，传播数学文化，从而提升中国数学创新能力。

2024 年度数学天元基金项目接收申请 565 项，共资助 155 项，资助直接费用为 7 000.00 万元，直接费用平均资助强度为 45.16 万元/项。

（十六）外国学者研究基金项目

支持自愿来华开展研究工作的外国优秀科研人员，在国家自然科学基金资助范围内自主选题，在中国境内开展基础研究工作，促进外国学者与中国学者之间开展长期、稳定的学术合作和交流。外国学者研究基金项目包括外国青年学者研究基金项目、外国优秀青年学者研究基金项目和外国资深学者研究基金项目。

2024 年度外国学者研究基金项目申请与资助统计数据见表 2-1-19。

表 2-1-19　2024 年度外国学者研究基金项目按申请代码所属领域统计申请与资助情况

领域	外国青年学者研究基金项目			外国优秀青年学者研究基金项目			外国资深学者研究基金项目			合　计		
	申请数（项）	资助数（项）	资助直接费用（万元）	申请数（项）	资助数（项）	资助直接费用（万元）	申请数（项）	资助数（项）	资助直接费用（万元）	申请数（项）	资助数（项）	资助直接费用（万元）
数学物理科学	173	23	656.00	95	9	696.00	95	12	1 911.00	363	44	3 263.00
化学科学	211	23	740.00	66	6	396.00	51	6	880.00	328	35	2 016.00
生命科学	425	49	1 680.00	96	9	679.00	94	9	1 440.00	615	67	3 799.00
地球科学	143	17	540.00	46	4	280.00	48	6	944.00	237	27	1 764.00
工程与材料科学	348	39	1 258.00	108	11	863.00	92	10	1 520.00	548	60	3 641.00
信息科学	155	17	520.00	63	5	320.00	61	7	1 120.00	279	29	1 960.00
管理科学	177	19	580.00	39	4	280.00	9	1	160.00	225	24	1 020.00
医学科学	118	13	420.00	37	4	319.00	71	6	960.00	226	23	1 699.00
交叉科学	0	0	0	35	3	240.00	42	3	480.00	77	6	720.00
合　计	1 750	200	6 394.00	585	55	4 073.00	563	60	9 415.00	2 898	315	19 882.00

（十七）国际（地区）合作交流项目

在组织间协议框架下，鼓励科学基金项目承担者在项目实施期间开展广泛的国际（地区）合作交流活动，加快在研科学基金项目在提高创新能力、人才培养、推动学科发展等方面的进程，提高在研科学基金项目的完成质量。项目承担者通过以人员互访为主的合作交流活动、在境内举办双（多）边会议以及出国（境）参加双（多）边会议，增加对国际学术前沿的了解，拓展国际视野，建立和深化国内外同行间的合作关系，为今后开展更广泛、更深入的国际合作奠定良好基础，同时加强科学基金研究成果的宣传，增强我国科学研究的国际影响力。

2024 年度国际（地区）合作交流项目申请与资助统计数据见表 2-1-20。

表 2-1-20　2024 年度国际（地区）合作交流项目按交流活动统计申请与资助情况

序　号	合作交流活动	申请数（项）	资助数（项）	资助直接费用（万元）
1	合作交流	1 179	260	3 301.40
2	出国（境）参加双（多）边会议	841	161	401.98
3	在境内举办双（多）边会议	152	22	372.00

（十八）面向全球的科学研究基金项目

设立面向全球的科学研究基金，旨在加大对外开放力度，构筑国际基础研究合作平台，实施充分开放、包容和灵活多样的资助机制，广泛支持国际化科技人才成长，发挥引才育才作用，吸引高层次外国科学家来华工作，拓展和深化中外联合科研，汇聚全球智慧应对全球性挑战和服务国家发展需求，推动形成具有全球竞争力的开放创新生态。2024 年度，面向全球的科学研究基金设立了重大科学基础设施国际合作项目、合作创新研究团队项目和外籍优秀学生来华读博支持专项（试点）项目三个项目类别。

重大科学基础设施国际合作项目参照重大研究计划项目的管理模式，支持中外科研人员依托境内外重大科技基础设施（科学工程、科学设施、科学装置）开展研究与交流，充分发挥大科研平台的引才和育才作用。

合作创新研究团队项目旨在促进国际科研合作，吸引和支持外籍优秀学术带头人在中国境内组建和带领研究团队，自主选择研究方向，开展创新性基础和应用基础研究，以培养和造就在世界科学前沿占有一席之地的研究团队。

为推进教育、科技、人才一体化发展，推进“留学中国”品牌建设，自然科学基金委与教育部联合设立外籍优秀学生来华读博支持专项（试点）项目，面向全球吸引国际优秀青年学生来华攻读博士学位，探索建立面向全球吸引高质量青年科技人才的引才育才资助机制。

2024 年度面向全球的科学研究基金项目申请与资助统计数据见表 2-1-21。

表 2-1-21　2024 年度面向全球的科学研究基金项目申请与资助情况

序　号	项目类型	申请数（项）	资助数（项）	资助直接费用（万元）
1	重大科学基础设施国际合作项目	11	10	3 933.00
2	合作创新研究团队项目	327	25	14 640.00
3	外籍优秀学生来华读博支持专项（试点）项目	255	39	790.00

二、重大研究计划选介

原子级制造基础研究

“原子级制造基础研究”重大研究计划于2024年获得批准，周期8年，资助直接经费2亿元。

原子级制造是指将能量直接作用于原子，通过对原子的批量化精准操控，实现原子层去除或原子级构筑，获得传统制造方式无法实现的极限性能产品。原子级制造不仅能够将产品的加工精度提高到原子量级，还能够直接从原子量级进行跨尺度构筑，创造出具有颠覆性功能的新器件和新装备。原子级制造展现出巨大优势和发展潜力，是世界各国竞相布局之必争高地，有望成为培育新质生产力的新动能、新优势，是制造强国建设之重大机遇。

该重大研究计划瞄准原子级制造研究前沿，结合我国高端芯片、航空航天和新能源等领域超强性能关键零部件、超构光学器件和超高精度仪器等的重大需求（图2-2-1），通过机械、物理、化学、材料、信息等多学科交叉，开展原子级制造基础理论及工艺方法研究，促进原始创新。重点围绕批量原子操控这一核心挑战，聚焦原子尺度能量与物质作用高效精准调控的关键科学问题（图2-2-2），在批量原子操控原理、原子级有序构筑机制、原子级测量理论与表征方法三方面进行布局。

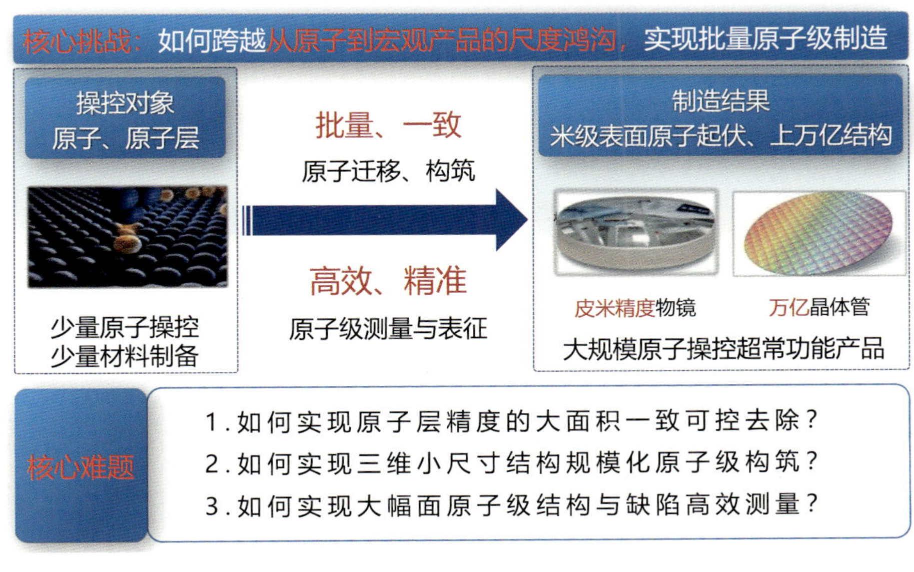

图2-2-1　原子级制造面临的核心挑战与难题

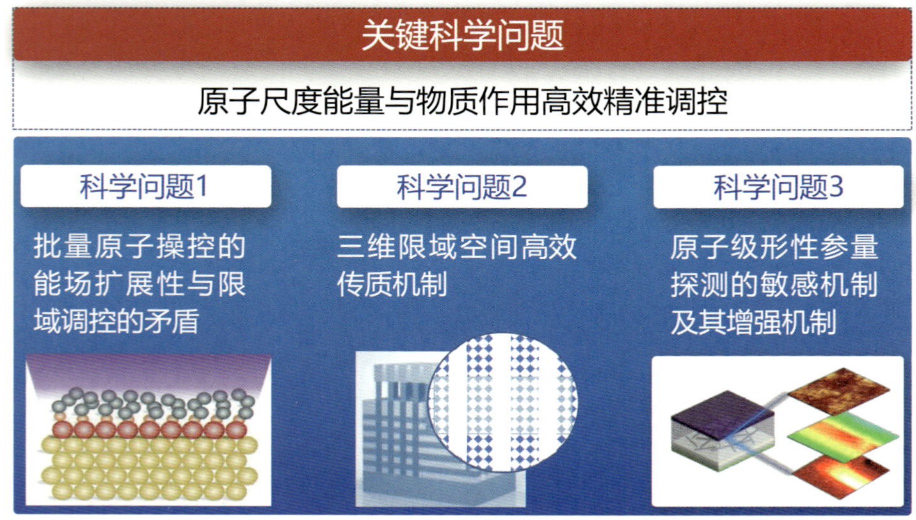

图 2-2-2　关键科学问题

总体科学目标是通过相对稳定和较高强度的支持，在若干重点领域和重要方向实现跨越式发展，形成一批原子级制造领域的创新概念、理论与方法，提升我国制造领域的自主创新能力；同时，吸引和培育一支具有国际先进水平的研究队伍，开展多学科交叉的原子级制造基础理论研究，支撑我国高端芯片、航空航天和新能源等领域的变革性发展。

赋能药物创新的 RNA 基础研究

“赋能药物创新的RNA 基础研究”重大研究计划于 2024 年获得批准，周期 8 年，资助直接经费 2 亿元。

RNA（核糖核酸）是生命起源的最初分子形式，多维度参与并调控重要生命过程，在广度和深度上不断革新对生命活动基本规律的认知，已成为国际上发展最为迅速的生命科学前沿领域之一。RNA 研究具有巨大的应用前景，特别是RNA 药物新兴产业正成为新质生产力的重要组成部分。RNA 药物具有靶向性强、成药靶点多、治疗效益高和开发周期短等优势，是引领下一代药物研发的主角。由于对RNA 复杂动态特性及其调控规律的研究不足，RNA 药物创制的底层使能技术缺乏，制约了RNA 药物创新。该重大研究计划针对RNA 药物研发的瓶颈问题（图 2-2-3），立足RNA 基础研究和技术创新，通过变革研究范式，赋能全链条RNA 药物创制。该重大研究计划的实施将为我国RNA 生物医药发展提供新机遇，确立我国在RNA 研究领域的国际引领地位。

RNA药物创新瓶颈

- 靶点创新需提升
- 形式创新待突破
- 递送技术需改进
- 药效提升有难度
- 安全增强有挑战

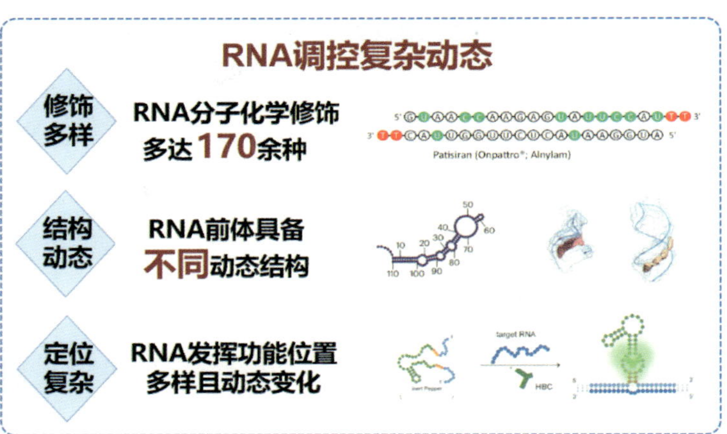

图 2-2-3　RNA 药物创新的困难与挑战

该重大研究计划拟解决以下核心科学问题（图 2-2-4）。

（1）RNA 复杂动态特性的规律解析与功能阐释。针对 RNA 种类多样、修饰丰富、结构动态、功能复杂等特点所带来的研究挑战，从多学科视角揭示 RNA 的转录、加工、代谢、翻译等全生命周期的基本规律及调控机制，为创新 RNA 药物提供理论基础。

（2）基于 RNA 的疾病精准诊疗与创新靶点发现。针对重大疾病发生发展过程中 RNA 调控网络复杂、成药靶点不明的难题，发展关键 RNA 的功能表征和精准筛选策略，阐明 RNA 调控异常的致病机理，发现重要标志物及原创靶点。

（3）突破 RNA 药物创新瓶颈的底层使能技术。针对 RNA 复杂性导致的基础研究及药物创制短板，开发高效解析和精准调控 RNA 分子的共性技术，发展 RNA 药物设计、靶向递送、生物利用的创新方案，为 RNA 药物研发提供技术保障。

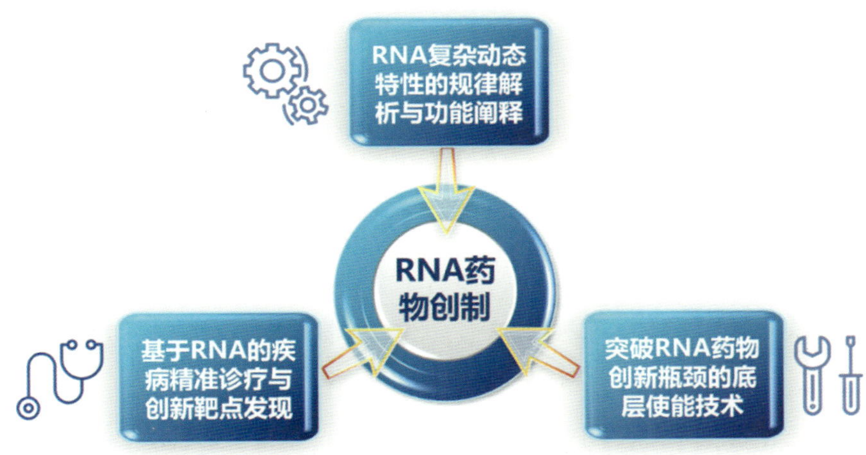

图 2-2-4　核心科学问题

总体科学目标是面向RNA药物创制的国家重大需求，开发精准高效、在体原位的RNA研究新体系，整合赋能RNA药物的多模态组学数据，构建数据深度挖掘方法，实现跨尺度全生命周期RNA调控机制解析与功能阐释；聚焦重大疾病发生发展过程中关键RNA的动态变化特征，挖掘基于RNA的精准诊疗新靶点，发展RNA药物分子智能设计方法及精准递送策略，创新RNA药物研发的底层使能技术，实现以“同一健康”为目标的全景式RNA药物（含人药、兽药、农药等）研发。

面向人机物融合的智能化软件基础研究

“面向人机物融合的智能化软件基础研究”重大研究计划于 2024 年获得批准，周期 8 年，资助直接经费 2 亿元。

人机物三元融合发展和机器学习技术突破两方面的驱动力，催生了软件的新形态——智能化软件。智能化软件不仅为软件理论方法技术提出了新挑战、打开了新空间，并引发了新一轮范型变迁，也为突破关键软件技术带来了难得的契机。该重大研究计划拟通过信息、数学、物理、工程、管理等多学科的交叉融合，回答三个核心科学问题（图 2-2-5），建立智能化软件范型理论方法和关键技术体系，在智能化软件范型的数理基础新理论、工程构造新原理、运维演化新机理、质量保障新机制等方面取得突破。基于新范型开展面向重要行业领域定制与集成的技术攻关，为我国构建智能化软件创新生态奠定开源开放基础，为关键软件领域做好高质量软件人才队伍建设和储备。

该重大研究计划拟解决以下核心科学问题。

（1）人机物三元融合共生智能化软件系统的组成原理。针对智能化软件的基本形态、结构特征、交互机理和行为规律，建立人机物三元融合共生的系统建模理论，提出泛在异构资源的统一表征与封装方法，构造可自主适应、持续演化、长期生存、群智涌现的软件体系结构模型。

（2）归纳演绎相融合的智能化软件构造与运行机理。针对智能化软件的高效构造和运行，揭示归纳演绎相融合的软件构造与运行机理，提出新型软件自动化、群智化构造方法与泛在操作系统的软件定义方法，设计泛在操作系统共性框架和核心构件，形成面向特定行业领域的软件定制化开发与集成技术方案。

（3）自知自治的智能化软件系统质量保障方法。针对智能化软件系统结构复杂性和行为非确定性，建立融合逻辑确定性与概率近似性的系统质量框架理论基础，提出以驾驭非确定性为核心的软件可信性理论与技术，实现系统质量的动态自治管理，形成可验证、可持续、全生命周期的软件质量保障方法体系。

总体科学目标是建立智能化软件新范型及其基础理论，构建智能化软件开发自动化与群智化和泛在操作系统软件定义及其领域定制生成的方法与技术体系，形成基于新范型的工业软件构造与集成新方法与新技术，培育智能化软件创新生态的开源基础，提升我国在关键软件领域的自主创新能力。

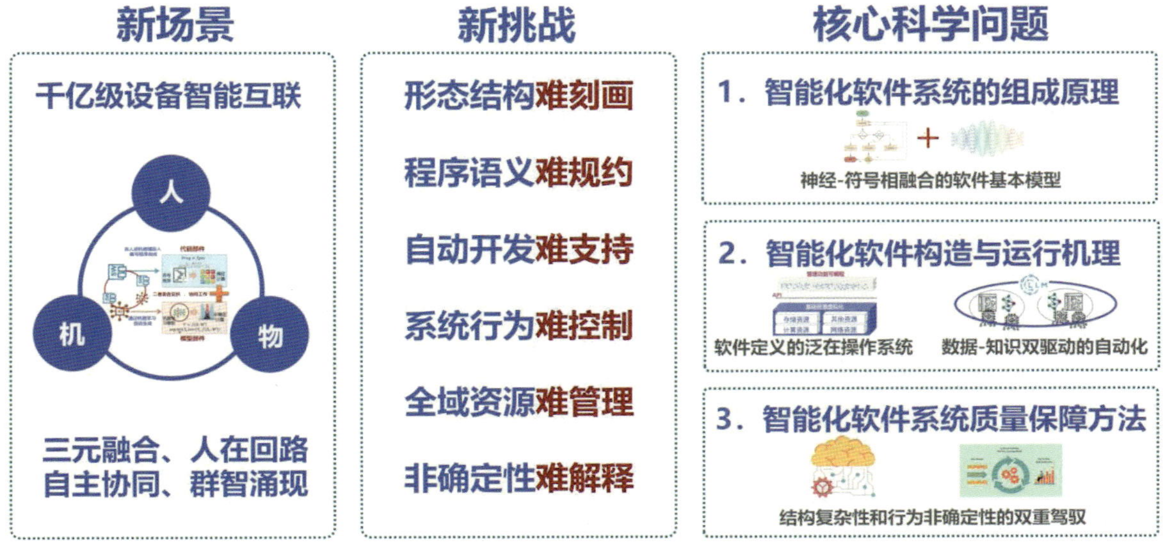

图 2-2-5　核心科学问题

第三部分

2024 年度资助成果巡礼

NSFC

一、数学物理科学部

偏微分方程的量子算法研究

在自然科学基金委（专项项目 12341104、重点项目 12031013）资助下，上海交通大学金石教授、刘悦纳（Nana Liu）副教授和余跃博士在偏微分方程量子计算方向取得进展。研究成果以“Quantum simulation of partial differential equations via Schrödingerisation”为题，于 2024 年发表在*Physical Review Letters* 上。

微分方程是物理、化学、工程等领域科学计算的核心问题。这些方程往往具有高维数，并且常常含有小尺度或者多尺度参数，同时需要高精度大规模计算。这些因素使得经典计算方法面临巨大挑战，因此，人们期待量子计算能够突破这些计算瓶颈。量子计算机基于量子力学原理构建，其基本运算遵循薛定谔方程的演化性质，也就是从初始的量子态（高维复空间的单位向量），经过酉算子作用，演化到新的量子态。量子电路的量子门也必须是酉矩阵。然而大多数微分方程的演化算子不是酉算子，因此无法直接进行量子模拟，这是量子计算在求解微分方程时面临的根本挑战。

团队提出了“薛定谔化”（Schrödingerisation）方法（图 3-1-1），该方法通过引进一个巧妙的扭曲相变换（warped phase transformation），在高一维的傅里叶空间将所有的线性常/偏微分方程均化为薛定谔型的方程（演化算子为酉算子），从而可以进行量子模拟。该方法的一个显著特色是它既适用于量子比特，也适用于连续变量，后者有助于构建模拟量子计算设备，近期较易实现。这种方法避免了对偏微分方程进行离散化处理的需要，可以将D维线性偏微分方程直接映射到（D+1）个量子模（qumodes）的量子系统上，并可以对（D+1）个量子模采用量子模拟。

许多有重要应用价值的微分方程均为线性偏微分方程，包括金融中的布莱克–斯科尔斯（Black–Scholes）方程、放疗设计的辐射输运方程、地质勘探需要的弹性波方程和通信中的麦克斯韦方程。该“薛定谔化”方法使得发展模拟量子计算设备来求解其中一些方程较易近期实现。一些非线性偏微分方程如哈密顿–雅可比（Hamilton–Jacobi）方程，也适合采用该方法进行求解。同时，该方法使得未来通用量子计算所需要的量子电路的设计成为可能，“薛定谔化”方法的量子电路如图 3-1-2 所示。

这项工作显著地扩展了量子计算能够解决的科学和工程问题的范畴，为量子技术在这些领域的应用开辟了新的令人兴奋的前景。

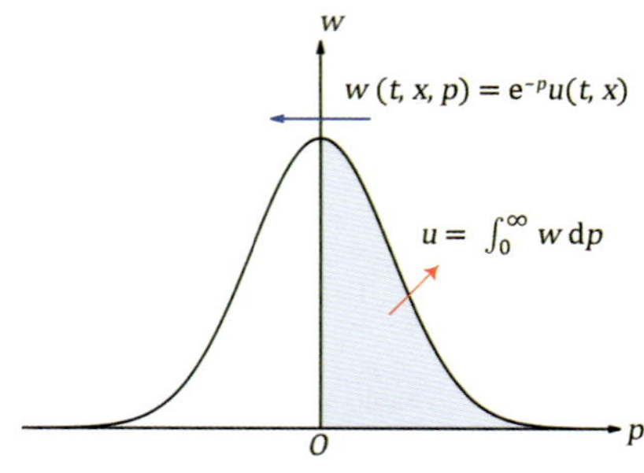

注：u满足热传导方程，通过引进参数p获得在高一维空间的w，w在p的傅里叶空间满足薛定谔方程。

图 3-1-1 “薛定谔化”示意

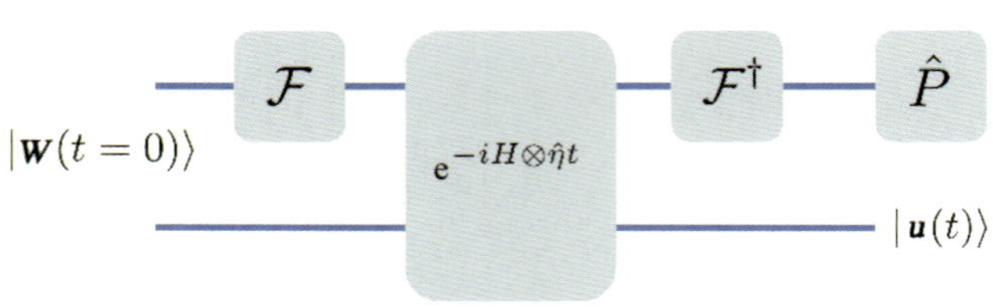

注：$\mathcal{F}$，$\mathcal{F}^{\dagger}$分别表示量子傅里叶变换及量子逆傅里叶变换，$e^{-iH\otimes\hat{\eta}t}$为薛定谔化后的演化（酉）算子，$\hat{P}$为测量算子。

图 3-1-2 “薛定谔化”方法的量子电路

变形折纸架构下应力与变形感知的力学研究

人体皮肤富含应力与变形感受器（统称为机械感受器），在基于触觉的物体识别中发挥着重要作用。近年来，生物电子技术的进步使这些机械感受器能够被快速、可编程地激活，具备了在虚拟现实、增强现实、游戏和治疗系统中广泛应用的可能性。但如何实现丰富的机械感知，尤其是实现具有高仿真度和多模式的机械感知，一直困扰着学界和业界。因此，亟须发展新的力学设计和实现手段以再现丰富的机械感知。

在自然科学基金委（原创探索计划项目 12350003）资助下，西湖大学姜汉卿教授团队在基于折纸的机械触觉再现研究方面取得进展。

受曲面折纸启发，团队提出了一种用于沉浸式虚拟现实体验的第一人称的触觉设备。不同于传统的机器触发的被动触觉设备，这种装置允许用户在虚拟环境中主动与物体互动，模拟从柔软到坚硬，甚至是负刚度（如破碎或坠落感）的各种变形触觉感知；基于折纸的结构提供实时的触觉反馈，创造出更为真实和高保真的感官体验。

在此基础上，团队进一步研究了一种无线、实时的触觉界面。该界面集成了受克雷斯林（Kresling）折纸启发的力学双稳态机制（图 3-1-3）。该设计通过皮肤储存和释放机械能，提供了多样化的触觉体验，如正压力、剪切力和振动，逼真地模拟了自然触觉。团队进行了曲线Kresling变形折纸结构的力学分析，设计并构建了可以和生物电子技术更紧密结合的交互界面。经过力学设计的界面更轻便、灵活且节能，优于传统的静电和电磁设备。该系统尤其适用于生物医学，能够为视力或本体感受障碍的用户提供感官代偿。这项基于变形折纸设计的触觉设备和智能手机的结合，增强了用户在虚拟环境中的触觉体验。通过将变形折纸原理与先进的生物电子技术相融合，该界面为触觉体验提供了一种多功能、沉浸式且节能的解决方案，在游戏、康复和人机交互领域具有广泛的应用前景。

相关成果以“Bioelastic state recovery for haptic sensory substitution”为题，于2024 年 11 月 6 日发表在*Nature* 上。

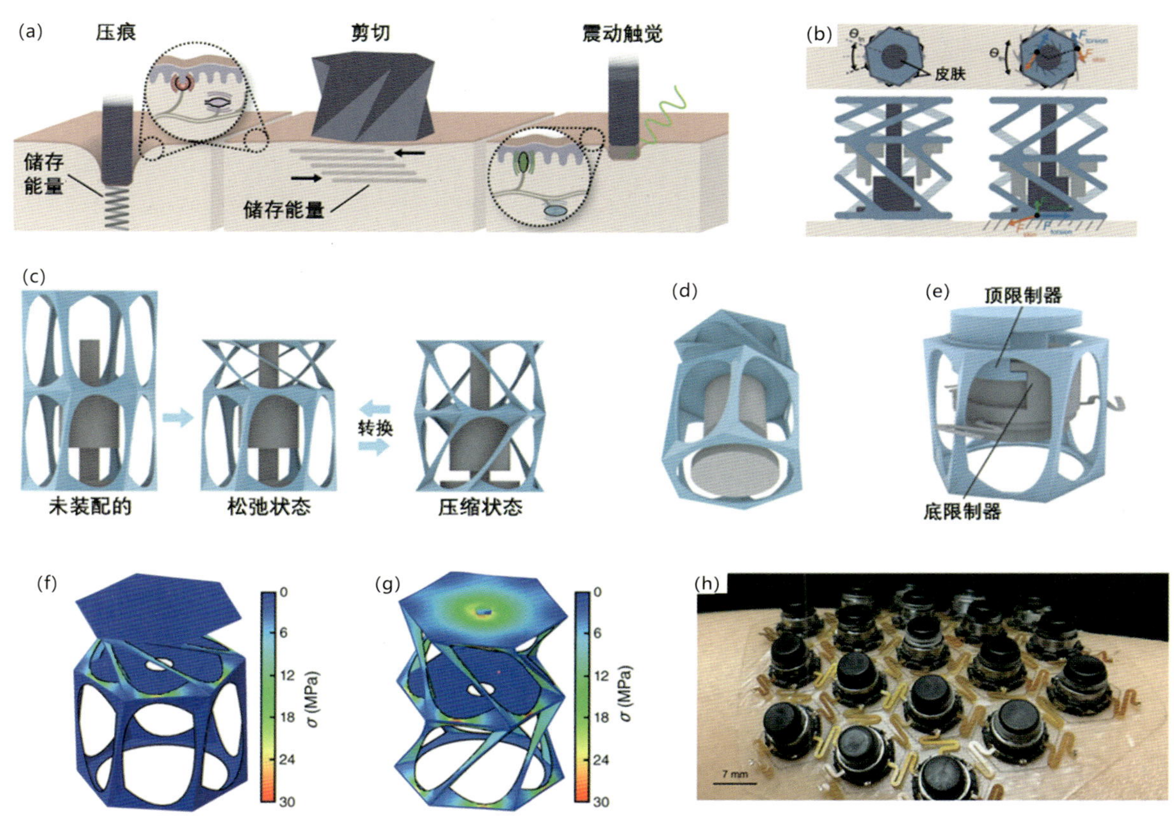

图 3-1-3　变形折纸架构下应力与变形感知

低质量系外行星富氢大气流体逃逸研究

行星大气流体逃逸可以由行星内能、恒星潮汐力做功或恒星极紫外辐射加热等单独或共同驱动（图 3-1-4），但是学界对它们各自扮演的角色一直没有明确的定论。此前，研究人员需要依赖复杂的计算来判断一颗行星上的流体逃逸究竟是由哪种物理机制驱动的，而且得到的结论往往并不明确。在自然科学基金委（基础科学中心项目 12288102、面上项目 11973082）等资助下，中国科学院云南天文台郭建恒研究员团队研究发现，利用恒星和行星的基本物理参数，就可以简洁地对富氢大气流体逃逸驱动机制作出分类。

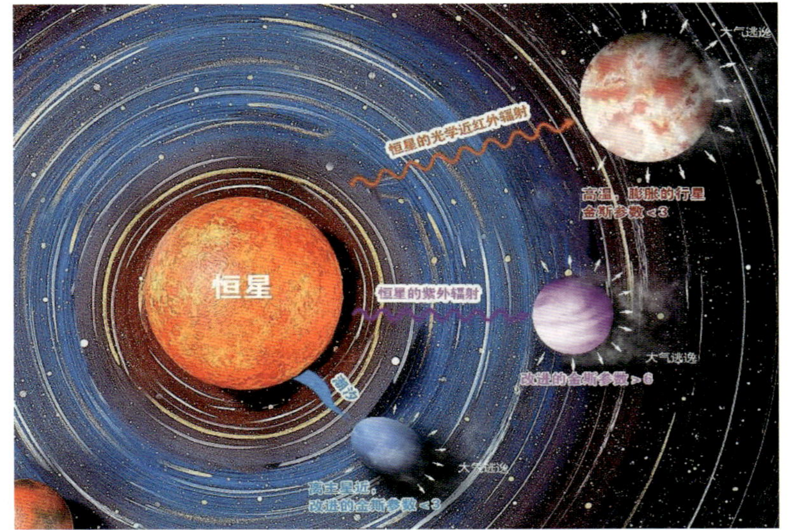

图 3-1-4　大气流体逃逸示意

该研究对低于 2 倍海王星质量的数千颗行星进行了计算和分析，发现即使在没有其他外部能量源的情况下，在那些低质量和大半径的“胖”行星上，高的行星温度就可以驱动大气流体逃逸。这一过程要求行星的“金斯参数”（一个描述行星引力势能与内能之间比例的无量纲参数）小于 3.5。然而，当考虑外部能量驱动过程，比如考虑恒星极紫外辐射加热和潮汐力做功驱动时，金斯参数对此无能为力。鉴于此，团队提出了一个由恒星和行星基本物理参数组合而成的“改进的金斯参数”。对于金斯参数大于 3.5 的情况，大气逃逸需要外部能量源。通过改进的金斯参数，恒星极紫外辐射加热和潮汐力做功驱动的逃逸能够被很好地区分。该研究表明，当行星非常靠近主星且改进的金斯参数低于 3 时，行星受到很强的恒星潮汐力，大气流体逃逸主要由潮汐力做功驱动；当改进的金斯参数为 3 ~ 6 时，恒星的极紫外辐射和潮汐力都可能触发大气流体逃逸；而当改进的金斯参数超过 6 时，恒星的潮汐力不再重要，大气流体逃逸主要由恒星的极紫外辐射加热驱动。

这项研究的成果加深了我们对系外行星大气流体逃逸机制的理解，也为行星大气是否可以保留等相关的行星可宜居性理论研究提供了重要的参考。研究成果以“Characterization of the regimes of hydrodynamic escape from low-mass exoplanets”为题，于 2024 年 5 月 9 日发表在*Nature Astronomy* 上。审稿人认为，“作者提出了一个新颖的判断大气逃逸类别并将其系统化的方法，这种分类方法比基于经典金斯参数的分类方法更可靠，因为后者没有考虑潮汐效应”。

具有原子尺度局域化光场的奇点介电纳米激光研究

在不同维度上实现光场的极端局域化，一直是激光物理与光子器件领域的核心前沿。在频率维度，局域化光场推动了多项重大科学突破，例如玻色−爱因斯坦凝聚（2001 年诺贝尔物理学奖）、精密激光光谱（2005 年诺贝尔物理学奖）和引力波探测（2017 年诺贝尔物理学奖）。在时间维度，局域化光场的发展实现了阿秒激光的重大突破（2023 年诺贝尔物理学奖）。在空间维度，局域化光场对信息技术的革新以及光与物质在极端条件下的相互作用研究具有深远意义。2009 年，等离激元色散方程被引入激光器设计领域，带来了激光器微型化的突破性进展，帮助成功构建出了亚衍射极限的等离激元纳米激光器。然而，这一技术受到金属材料固有的欧姆损耗限制，其性能难以进一步优化。在介电体系中，目前尚未建立能够突破光学衍射极限的理论框架。因此，亟须开辟全新的理论路径，以推动空间维度上极端局域化激光技术的发展，为光子科学与技术的未来创造新的可能性。

在自然科学基金委（国家杰出青年科学基金项目 12225402、创新研究群体项目 62321004、重大研究计划项目 92250302）等资助下，北京大学物理学院凝聚态物理与材料物理研究所马仁敏教授团队提出了奇点色散方程，构建了介电质体系突破光学衍射极限的理论框架，发明了制备具有原子级特征尺度光学纳腔的新方法，实现了迄今为止模式体积最小的激光，所发明的奇点介电纳米激光将激光特征尺度推进至原子级（图 3−1−5）。该成果以“Singular dielectric nanolaser with atomic−scale field localization”为题，于 2024 年 7 月 17 日发表在*Nature* 上。

成果发表后，*Nature Reviews Electrical Engineering* 邀请马仁敏课题组撰写专题评论文章，系统介绍了该领域的历史发展、挑战、最新进展和未来前景。此外，该工作还被 *Advanced Photonics* 专题报道，评论指出：“这一突破性的介电纳米激光的发展是集成光子

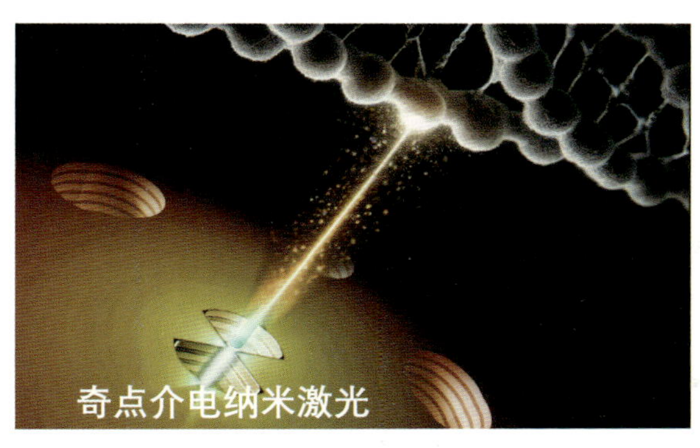

（a）奇点介电纳米激光示意

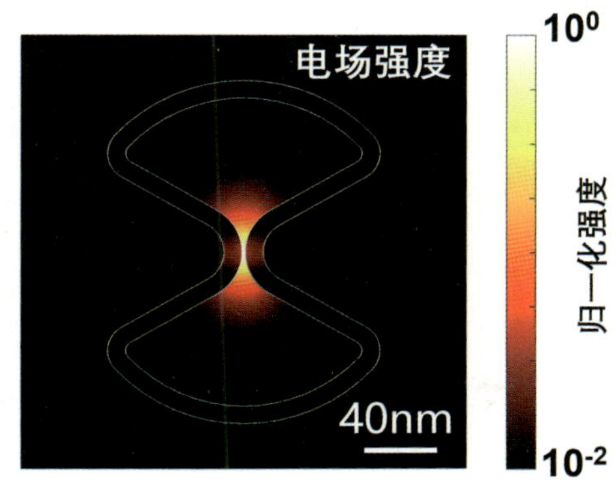

（b）奇点介电纳米激光中心区域光场分布

图 3−1−5　奇点介电纳米激光示意及其光场分布

学和量子光子学领域的一个重要里程碑，展示了显著的技术成就。”同时，发表于*Advanced Materials*的综述文章评价该工作，认为“这些设计能够实现极端的光场约束，已成为纳米光子学中的一个重要研究主题”。该研究成果还入选了“2024 中国光学十大进展”。

自旋超固态及其巨磁卡效应的发现

超固态是一种在接近绝对零度时涌现出的新奇量子物态，兼具固体和超流体的特征，由俄罗斯学者安德烈耶夫（Andreev）和利夫希茨（Lifshitz）、英国的诺贝尔奖得主莱格特（Leggett）等科学家在 50 多年前分别提出。然而，除大量理论探索和冷原子气模拟取得进展外，人们在固体物质中始终未能发现超固态存在的确凿实验证据。

在自然科学基金委（优秀青年科学基金项目 12222412、重点项目 11834014、专项项目 12141002、面上项目 12074024 等）资助下，中国科学院理论物理研究所/中国科学院大学苏刚研究员、李伟研究员，中国科学院物理研究所孙培杰研究员、项俊森副研究员，北京航空航天大学金文涛副教授等合作制备了钴基三角晶格量子磁性材料$Na_2BaCo(PO_4)_2$，首次给出了固体物质中超固态存在的实验证据，并发现了自旋超固态巨磁卡效应。他们利用极低温中子衍射和磁热测量，发现自旋面外分量形成了三子格固态序，而层间非公度磁峰给出超流序；通过理论计算与实验结果的精确对比，确认了自旋超固态的存在［图 3-1-6（a）、图 3-1-6（b）］。通过自主研制先进的绝热温变测量器件，发现该自旋超固态在量子临界点附近呈现出巨磁卡效应，并获得了 94 mK（零下 273.056 ℃）的极低温，开辟了极低温固体制冷新途径［图 3-1-6（c）］。该量子材料的相图包括了两个自旋超固态相（Ⅰ相和Ⅲ相）及一个固态相（Ⅱ相）和极化相（Ⅳ相）［图 3-1-6（d）］。

该成果于 2024 年 1 月 11 日发表在*Nature*上。同期发表的研究简报指出，自旋超固态巨磁卡效应“有望开辟极限制冷新途径”，并评价该工作“之所以引人注目，在于报道了阻挫磁体中超固态的证据和源于基本物理发现的亚开温区制冷磁卡效应，并在一篇文章中报道了两项进展”。该文章也入选了 ESI 高被引文章。意大利超流和超固态领域专家莫杜尼奥（Modugno）在*Chemistry World*上指出：“曾经仅存在于假说的超固态如今已演变为一种基本物态，且正越来越多地在实际物理系统中崭露头角。”他还强调，“增强的制冷性能等实际应用成果着实令人振奋不已”。此外，该成果被国际科技媒体 Physics World 等专题报道。

目前，该工作已引起国内外同行的广泛关注，团队受邀在 2024 年美国物理学会三月会议等会议上作报告。随后瑞士与美国的研究组在另一个钴基三角晶格材料中也分别独立地发现了自旋超固态存在的实验证据。

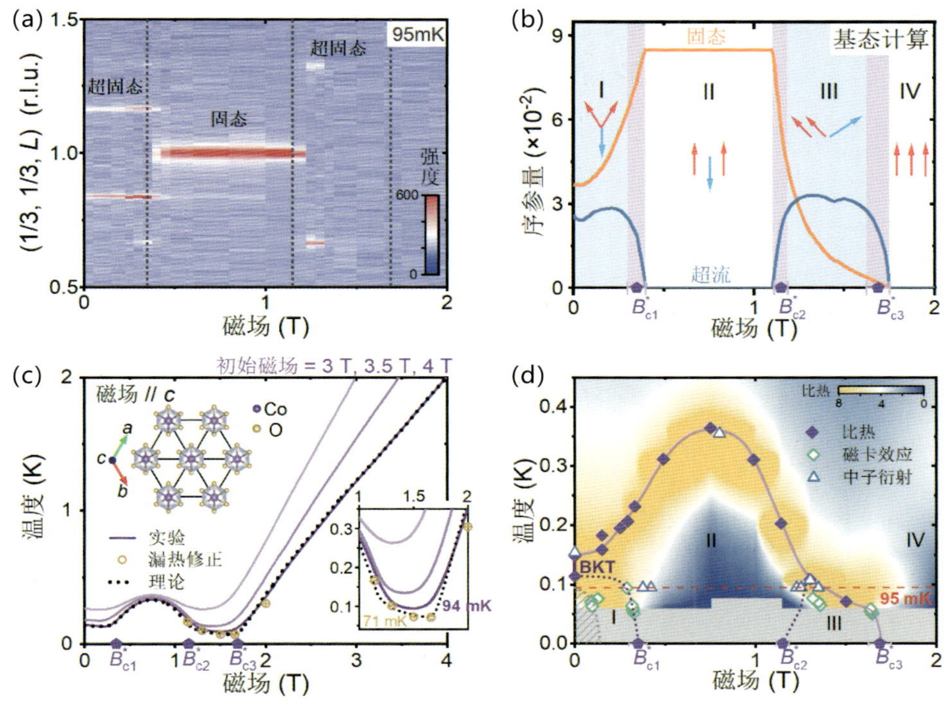

注：(a) 95 mK 中子衍射数据；(b) 理论计算的零温相图；(c) 绝热退磁制冷曲线；(d) 温度－磁场相图。

图 3-1-6　$Na_2BaCo(PO_4)_2$ 单晶的相关参数及相图

相对论重离子碰撞中的原子核结构研究

原子核是由质子和中子构成的微观量子多体系统，对其结构的研究主要是通过传统低能核物理测量技术在较长时间尺度上进行的。高能重离子碰撞是探索强相互作用物质性质的重要手段，利用其研究原子核结构性质是一项跨能量尺度的核物理前沿交叉研究。高能重离子碰撞过程时间为幺秒尺度（约 10^{-24} 秒），远低于实验室系下原子核量子涨落的仄秒尺度（约 10^{-21} 秒），比 2023 年诺贝尔物理学奖研究物质电子动力学的阿秒激光脉冲小 6 个量级。碰撞原子核的结构信息在极短时间内被有效地刻画于夸克胶子等离子体的初始条件中，并通过其流体演化映射到末态粒子的动量分布上。这一过程类似摄影机的快门拍照，记录了原子核的瞬时形状，为探索原子核结构提供了实用手段。相对论重离子对撞机（RHIC）上铀-238 原子核碰撞如图 3-1-7 所示。

在自然科学基金委（重大项目 11890710、专项项目 12147101、国家杰出青年科学基金项目 12025501）等资助下，复旦大学马余刚教授团队参与大科学装置的相对论重离子对撞机－螺旋径迹探测器（RHIC-STAR）国际合作实验研究，首次基于高能重离子碰撞实验成像原子核结构，取得了跨能量尺度原子核结构研究的前沿交叉新突破，开启了定量研究核结构信息的新途径。研究证实了铀–238 原子核基态具有显著的椭球状四极轴对称形变，并极有可能存在微小的轴对称破缺三轴形变。该研究提供了一种新颖且独立的实验测量方法。研究结果与传统的低能实验测量结果及理论研究基本一致（图 3–1–8）。上述研究成果以“Imaging shapes of atomic nuclei in high–energy nuclear collisions”为题，于 2024 年 11 月 7 日发表在*Nature* 上。

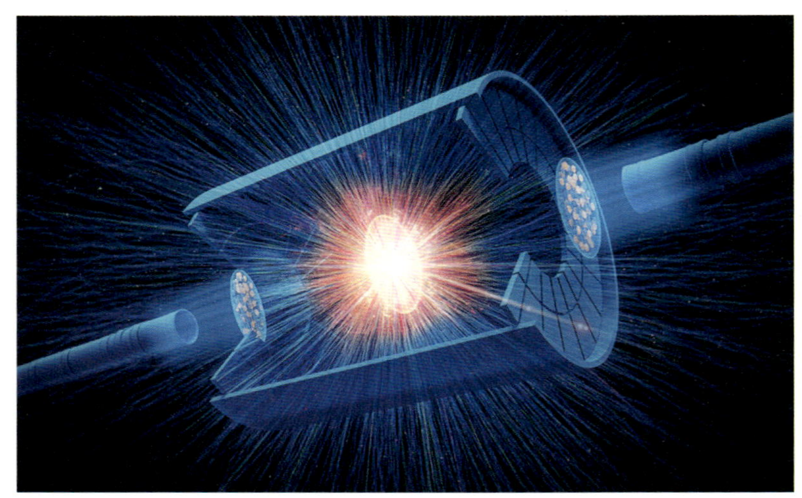

图 3–1–7　相对论重离子对撞机上铀 –238 原子核碰撞示意

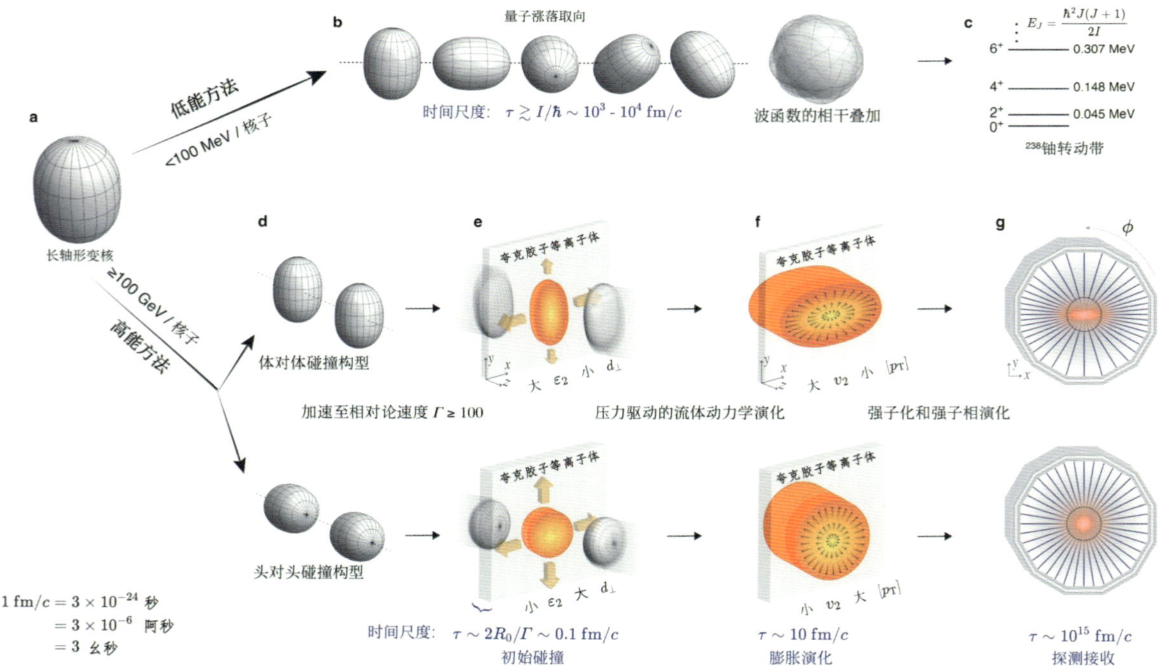

图 3–1–8　低能实验测量和高能重离子碰撞研究原子核结构方法示意

该研究有利于更好地限制极端物态－夸克胶子等离子体的初始条件，深化对核合成、核裂变及无中微子双β衰变等重大基础科学问题的理解，同时为约束和改进核理论模型及其计算精度提供了重要参考。该成果提出的创新方法可用于理解原子核高阶形变、形状共存、中子皮和集团结构等低能核物理研究的核心难题，并可进一步应用于欧洲核子研究中心大型强子对撞机（LHC）、下一代核物理大科学装置－美国电子离子对撞机（EIC）、我国强流重离子加速器装置（HIAF）等大科学装置的相关研究。这将有助于深化国际合作，持续拓展跨能量尺度原子核物理的前沿交叉研究，提升我国在核物理前沿领域的国际影响力。

二、化学科学部

$\sigma^0\pi^2$ 电子态卡宾的合成与性质研究

碳化学通常遵循“八电子规则”，但也存在例外，如六电子卡宾（R_2C:）。作为一类重要的低价碳物种，卡宾已广泛应用于合成化学、材料科学等领域。卡宾可能表现出四种不同的电子态［图 3-2-1（a）］。然而，科学家合成的单线态卡宾均具有 $\sigma^2\pi^0$ 型电子态。合成并研究具有 $\sigma^0\pi^2$ 电子态的卡宾将丰富人们对碳化学的认知，有望推进合成化学及相关领域的发展。

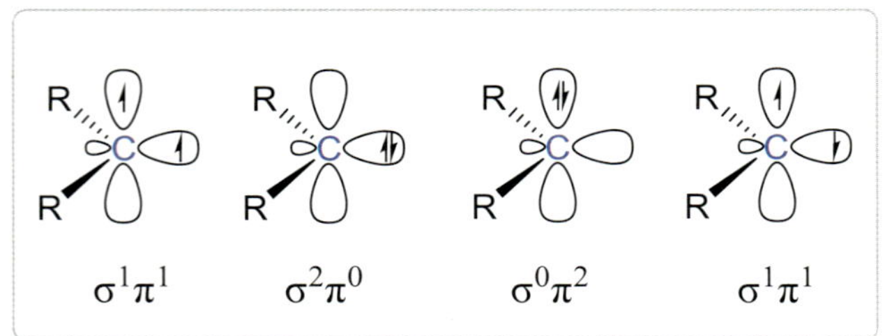

（a）卡宾 R_2C：的四种电子态

Mes N P C P N Mes Rh (AdNC)$_2$

（b）$\sigma^0\pi^2$ 电子态卡宾的分子结构

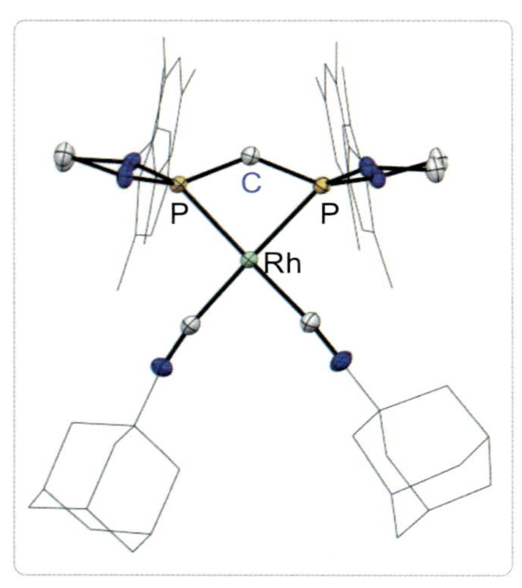

（c）$\sigma^0\pi^2$ 电子态卡宾的晶体结构

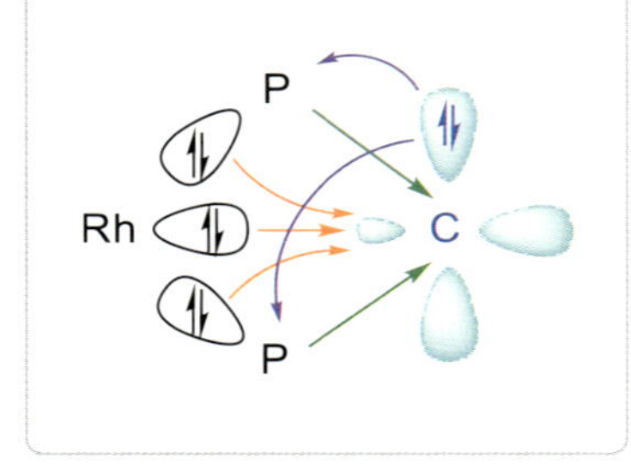

（d）$\sigma^0\pi^2$ 电子态卡宾的稳定策略

图 3-2-1　卡宾的电子态及 $\sigma^0\pi^2$ 电子态卡宾的结构与稳定策略

在自然科学基金委（原创探索计划项目 22350004、面上项目 22271132、青年科学基金项目 22301122）资助下，南方科技大学刘柳研究员团队基于“电中性”原理，利用“配位-固定”的策略，成功合成了一例 $\sigma^0\pi^2$ 电子态卡宾，其碳原子具有双亲性（既亲核也亲电）［图 3-2-1（b）］。该研究的主要成果和创新点如下。

（1）首次稳定、合成、表征了 $\sigma^0\pi^2$ 电子态卡宾：通过金属铑（Rh）配位，稳定了双磷基卡宾，并利用核磁共振、晶体衍射［图 3-2-1（c）］、高分辨质谱和理论计算等手段对其结构与性质进行了全面表征。

（2）提出了面内推电子与面外拉电子相结合的稳定机制：通过双磷基孤电子对与金属铑d电子的面内推电子效应，以及双磷基 σ^* 反键轨道的面外拉电子效应，显著提升了 $\sigma^0\pi^2$ 电子态卡宾的热力学稳定性［图 3-2-1（d）］。

相关成果以“A stable rhodium-coordinated carbene with a $\sigma^0\pi^2$ electronic configuration”为题，于 2024 年 1 月 5 日在线发表在*Science*上。该研究首次实现了卡宾电子态反转，合成并表征了 $\sigma^0\pi^2$ 电子态卡宾，突破了传统卡宾化学的研究框架，为后续探索新型双亲主族分子奠定了基础。

动态超稳低碳烷烃脱氢限域单原子催化剂的研究

低碳烯烃是合成纤维、橡胶、塑料等大宗化工产品的战略基础原料，全球年需求量超过 3 亿吨。低碳烷烃直接脱氢是制备烯烃的重要途径，但目前商业技术主要被国外公司垄断。由于反应条件苛刻，现有商业催化剂存在易烧结、易积碳、需频繁再生导致碳排放等问题。因此，创制具有自主知识产权的超高稳定性催化剂，开发新一代烷烃直接脱氢技术具有重要意义。

在自然科学基金委（创新研究群体项目 22121001、优秀青年科学基金项目 22222206）等资助下，厦门大学王野教授、傅钢教授和国内多家单位合作者在低碳烷烃直接脱氢制烯烃领域取得了重要突破。团队利用铟（In）元素的动态迁移特性和铑（Rh）单原子的高效C—H键活化能力，创制出寿命超过 5 500 小时的超高稳定性In/Rh@Silicalite-1（S-1）催化剂，高效地将丙烷等低碳烷烃直接脱氢，制备对应的烯烃（图 3-2-2）。相关成果以“Stable anchoring of single rhodium atoms by indium in zeolite alkane dehydrogenation catalysts”为题，于 2024 年 3 月 1 日发表在*Science*上。

团队针对确保高温苛刻反应条件下催化剂稳定性这一重大挑战，提出了“原位动态构建活性位”的概念。利用铟元素的亲氧性和动态迁移特性，设计了在反应条件下活性位动态形成且高度稳定的In/Rh@S-1 催化剂。在该催化剂中，单原子铑落位于S-1 分子筛孔内，并通过与自发迁移至孔道中的铟物种以In—Rh键形式结合而得以稳定，从而形成了被分子筛限域和稳定的$RhIn_x$活性中心。这一方法为设计和合成超稳、高效的单原子催化剂提供了新的思路。

新型催化剂有效避免了积碳生成，无须额外添加氢气以抑制积碳，也无须频繁再生，使烯烃制备过程更加绿色简便。团队在 550 ℃的近工业反应条件下，以纯丙烷为原料，连续测试该催化剂 5 500 小时，其活性和选择性均保持稳定。在 600 ℃高丙烷转化率（>60%）下，In/Rh@S-1 催化剂可连续稳定运行 1 200 小时以上。单原子铑表现出的C—H 键活化性能优异，丙烯生成速率比使用现有铂（Pt）基催化剂高 1~2 个数量级。该成果有望发展为具有自主知识产权的烷烃脱氢新技术，助力实现碳中和目标。

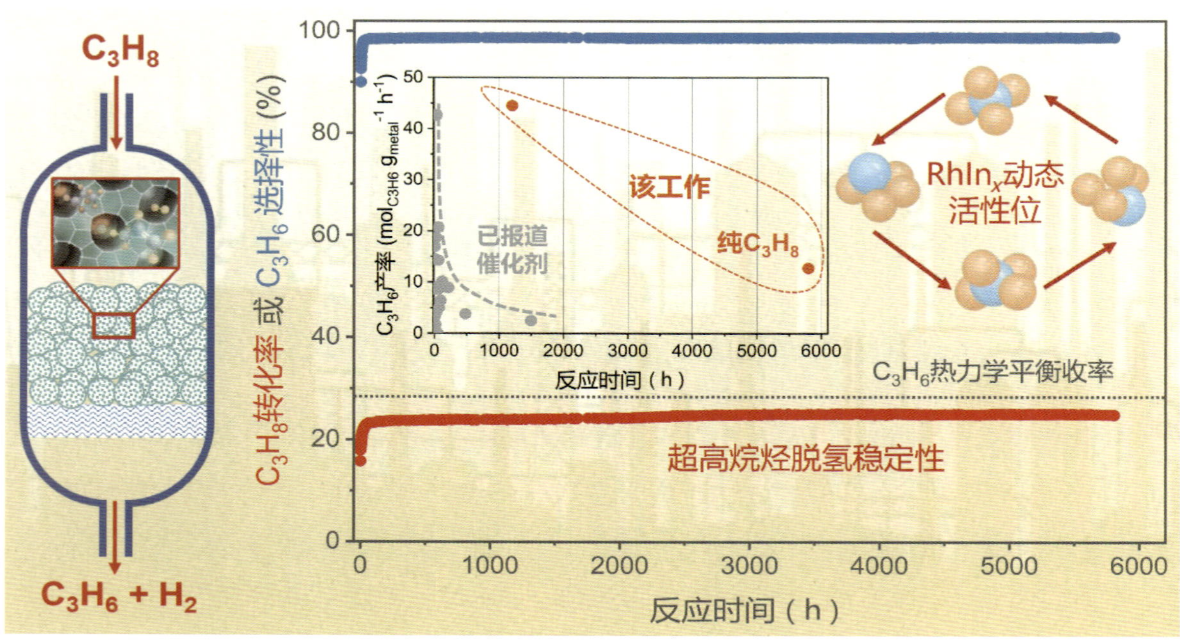

图 3-2-2　用于烷烃脱氢的超稳定 Rh 单原子催化剂

手性质谱分析技术研究

手性是指一个物体不能与其镜像完全重合的性质。手性分子广泛存在于生物系统中并且扮演着关键角色。在生物体内，组成蛋白质、糖、DNA（脱氧核糖核酸）和RNA的基本单元，如氨基酸、单糖和核苷酸，通常以单一手性的形式存在（图 3-2-3）。由于生物系统固有的手性环境，手性分子对映体也会表现出不同的生理功能和药理活性。因此，精确区分手性分子对映体对于生命科学研究和药物开发至关重要。现代质谱技术具有高灵敏度、高特异性的优点，却无法区分手性分子对映体，通常需要与气相色谱或高效液相色谱联用，并配合手性固定相来进行对映体分析。

在自然科学基金委（国家重大科研仪器研制项目 21627807、22227807，重点项目 21934003）资助下，清华大学欧阳证教授、周晓煜副教授团队基于小型离子阱质谱仪系统［图 3-2-4（a）］，通过使用双交流激发电场诱导气相离子定向旋转，实现了质谱仪内手性物质的高效分离和结构分析。利用手性分子对映体同向旋转不重合的特性，采用双交流激发电场诱导对映体离子定向旋转，同时与中性气体分子碰撞，在离子轨迹上形成差异。此外，调节对映体离子的旋转方向可以控制它们的发射顺序［图 3-2-4（b）］。该技术显示出对手性化合物的普适性，可分离药物、代谢标志物、糖、氨基酸等多种手性分子对映体，并展现出相对定量分析的潜力。该技术可通过不对称催化来优化对映体选择性合成的反应条件。以不对称氢化反应为例，对于不同配体条件下的对映体过量，相较于手性色谱这一当前主流的手性分析方法（样品量 1 mg，数小时/次），基于离子定向旋转的质谱手性分析方法所需的样品量更少（<10 ng），分析效率（<1 min）得到显著提升，展现出较大的应用潜力［图 3-2-4（c）］。

相关成果以“Differentiating enantiomers by directional rotation of ions in a mass spectrometer”为题，于 2024 年 2 月 9 日发表在*Science*上。该研究首次证明了不依赖高手性纯度的化学环境，可以使用物理方法实现手性分子对映体的分离。*Science* 审稿人评价该工作“是一项引人入胜的研究，因为手性和手性分析是如此之重要”。*Science* 和*Nature* 分别以“Enantioselective mass spec, of all things” 和“Mirror-image molecules separated using workhorse of chemistry”为题，对该工作进行专题报道。

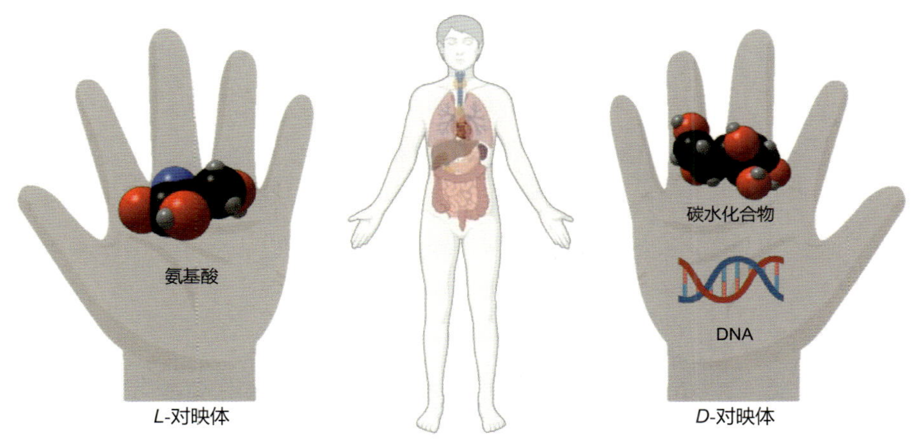

图 3-2-3　生物体内手性分子具有单一手性形式

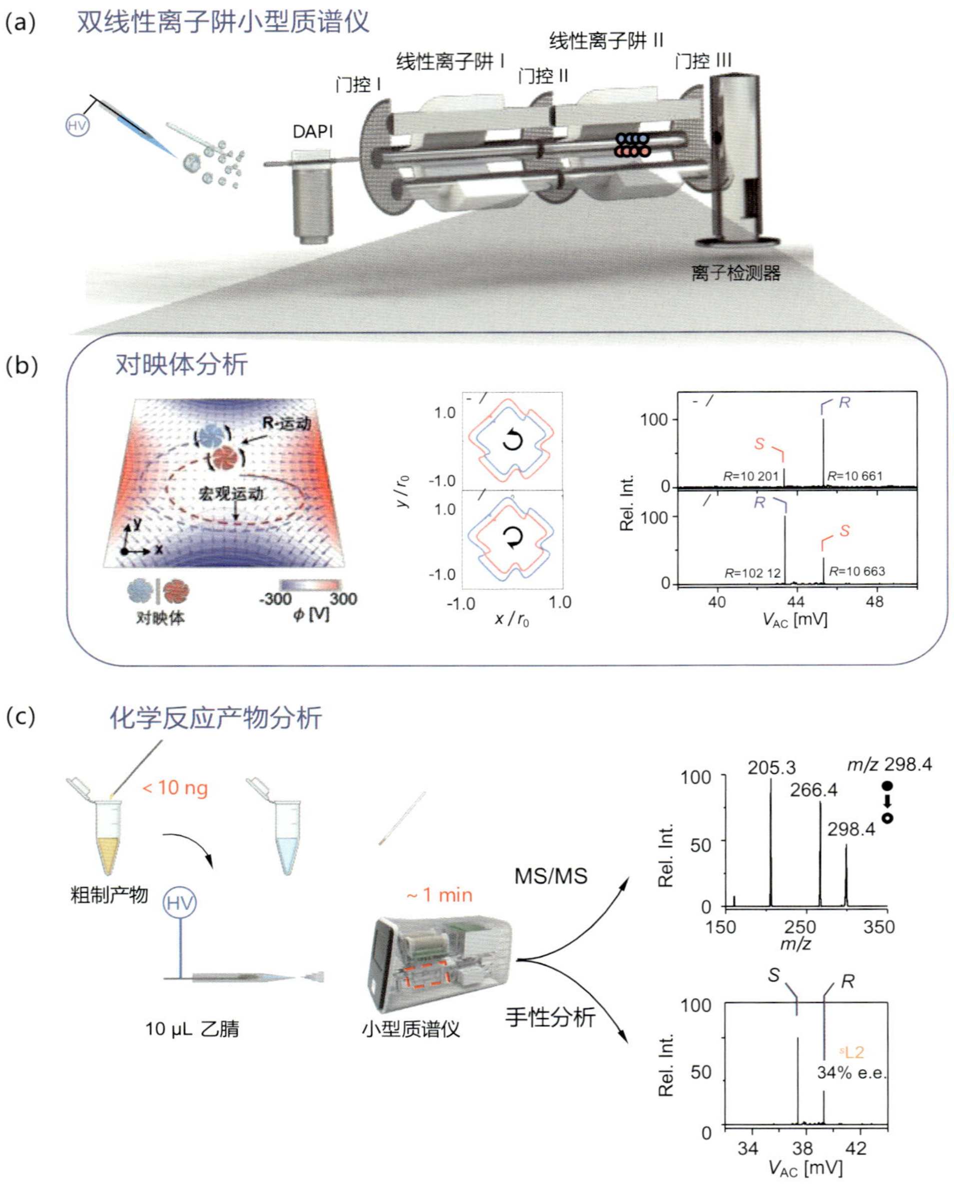

图 3-2-4　基于离子定向旋转的质谱手性分析方法

共价靶向核药物为癌症诊疗带来新突破

靶向放射性核素治疗（targeted radionuclide therapy，TRT）通过将放射性核素递送至肿瘤细胞进行分子级别的治疗，是一种应对癌症的变革性治疗方式。但TRT存在肿瘤靶向性不佳、核素在肿瘤部位滞留时间短等问题，影响了其临床治疗效果。

在自然科学基金委（国家杰出青年科学基金项目 22225603）资助下，北京大学、昌平实验室刘志博教授团队开发了一种新型药物形式——共价靶向放射性药物（covalent targeted radioligand，CTR），在放射性配体上安装基于硫（Ⅵ）–氟交换反应（SuFEx）的“潜弹头”，当CTR到达肿瘤时，先非共价地结合靶标，后通过邻近效应加速不可逆的共价连接，将肿瘤对药物的清除率降至最低，而其他未结合靶标的CTR则被快速排出体外（图3–2–5）。

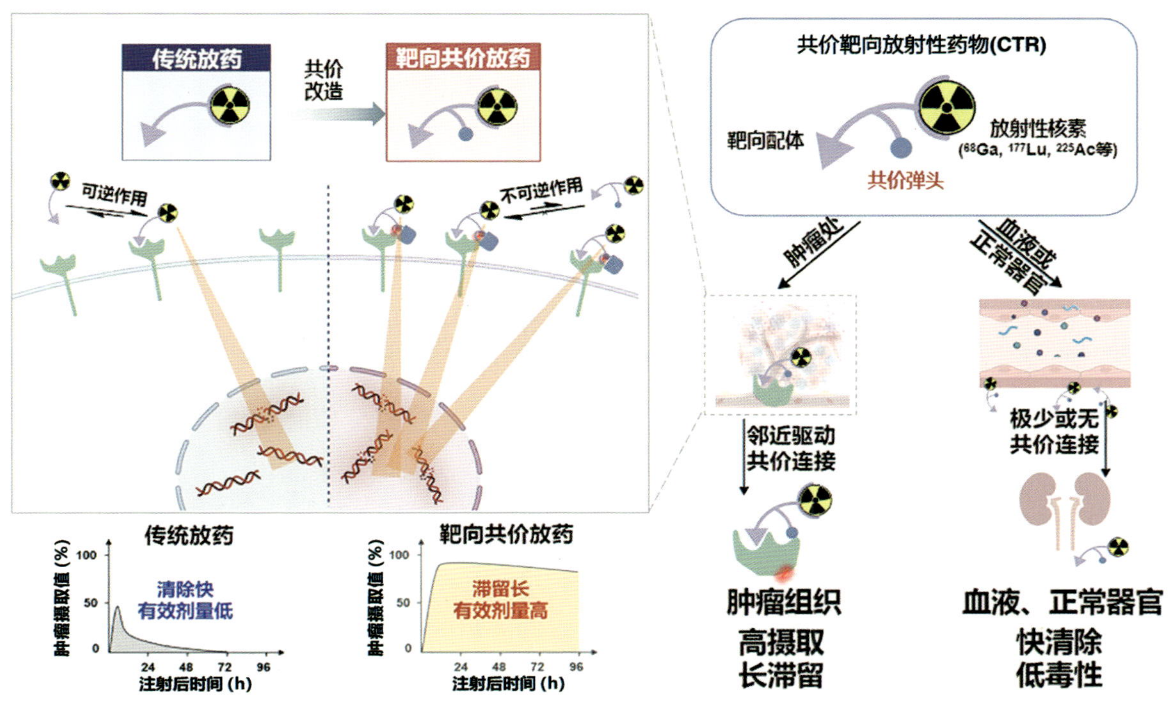

图3–2–5　共价靶向放射性药物工作原理及其优势

CTR已在分子、细胞、动物模型及患者层面进行了验证，均显示出优异的肿瘤靶向性和滞留时间，且在正常组织中可被快速清除。研究人员在FAP（fibroblast activation protein，一种泛癌种靶点）高表达的小鼠模型中，发现PET诊断核素镓（Ga）–68标记的CTR–FAPI（fibroblast activation protein inhibitors，FAP抑制剂）显示出比未改造的药物高2倍以上的肿瘤摄取，而健康组织中的摄取迅速降低。CTR技术还通过延长滞留时间增强了疗效，采用β–［镥（Lu）–177］和α–放射性治疗核素［锕（Ac）–225］标记CTR–FAPI，几乎完全抑制了小鼠FAP高表达皮下肿瘤的生长。利用Ga–68标记的CTR–FAPI，在初步的甲状腺髓样癌患者成像临床研究中，病灶检出率显著高于［^{18}F］FDG PET–CT（98% vs. 66%），32%的患者改变了治疗方案，66.7%的患者改变了手术计划。

相关研究成果发表在*Nature*、*Cancer Discovery*上。CTR技术增强了放射性配体的肿瘤摄取和保留，并保证了其在血液循环或健康组织中的低摄取，有望攻克传统核药物安全性与有效性无法兼得的难题。基于CTR技术，研究人员已对逾百名甲状腺髓样癌患者进行了更为精准的诊断，识别出了现有手段无法甄别的微小病变，并成功指导手术。在 2024 年美国临床肿瘤学会（ASCO）年会上，有临床专家指出，CTR 技术将改变甲状腺髓样癌的临床诊疗指南。CTR 技术也初步成功地应用在治疗类药物开发中。研究人员对复发、难治的多例转移性晚期实体瘤患者进行了 ^{177}Lu-CTR-FAPI 的剂量爬坡研究，给药后患者病情稳定，副作用可接受，且生活质量得到显著改善。除了已验证的靶点，由于可连接SuFEx弹头的蛋白质众多，CTR 技术可拓展至更多靶点和适应证，有助于开发具有更高灵敏度、更优治疗效果的核素诊疗药物，还可为其他低分子量偶联类药物的药代动力学调控提供了新的技术手段，具有广泛的应用前景，目前已成功转让给企业。

超强韧 3D 打印弹性体研究

在自然科学基金委（联合基金项目 U23A2098、青年科学基金项目 22288102、重点项目 52033009、面上项目 22375176）等资助下，浙江大学化工学院谢涛教授、吴晶军研究员在 3D 打印弹性体材料方面取得进展。研究成果以“3D printable elastomers with exceptional strength and toughness”为题，于 2024 年 7 月 3 日在线发表在*Nature*上。光固化 3D 打印可实现复杂结构高精度一体化制造，是一种极具潜力的高分子材料加工技术。然而，材料强度低、韧性差制约了光固化 3D 打印在终端产品大规模制造中的应用，其根本原因在于材料高性能化的分子结构设计与光固化打印这种特殊的材料加工方式之间的矛盾。

上述团队创新性地利用先前提出的拓扑异构网络（topology isomerization network，TIN）新概念来解耦打印过程与材料性能调控。如图 3-2-6 所示，团队设计了含有动态受阻脲键的聚氨酯丙烯酸酯单体原料，其具有优异的可打印性，且在打印成型之后经过热处理就能触发动态键交换及网络拓扑异构，进而可引入包括互穿网络、多重氢键及微相分离在内的多种材料增韧机制，大幅提升材料的力学性能。基于上述原理设计的弹性体材料不仅能够实现高精度的光固化 3D 打印，同时其强度和韧性分别达到了 94.6 MPa 和 310.4 MJ/m^3，远超现在所有的文献报道与商业化产品。

该研究展示了通过拓扑异构网络设计来解决材料性能与加工方式之间矛盾的方法，开拓了光固化打印超强韧材料的分子 / 网络设计新思路，克服了 3D 打印大规模应用的障碍。高性能 3D 打印弹性体已在竞技自行车坐垫、防护头盔等缓冲减震类产品中进行验证和初步应用。同时，团队认为该设计理念还适用于其他高性能 3D 材料的设计，比如可广泛应用于工业产品中的高强韧硬质塑料，为 3D 打印的进一步应用创造更为丰富的想象空间。

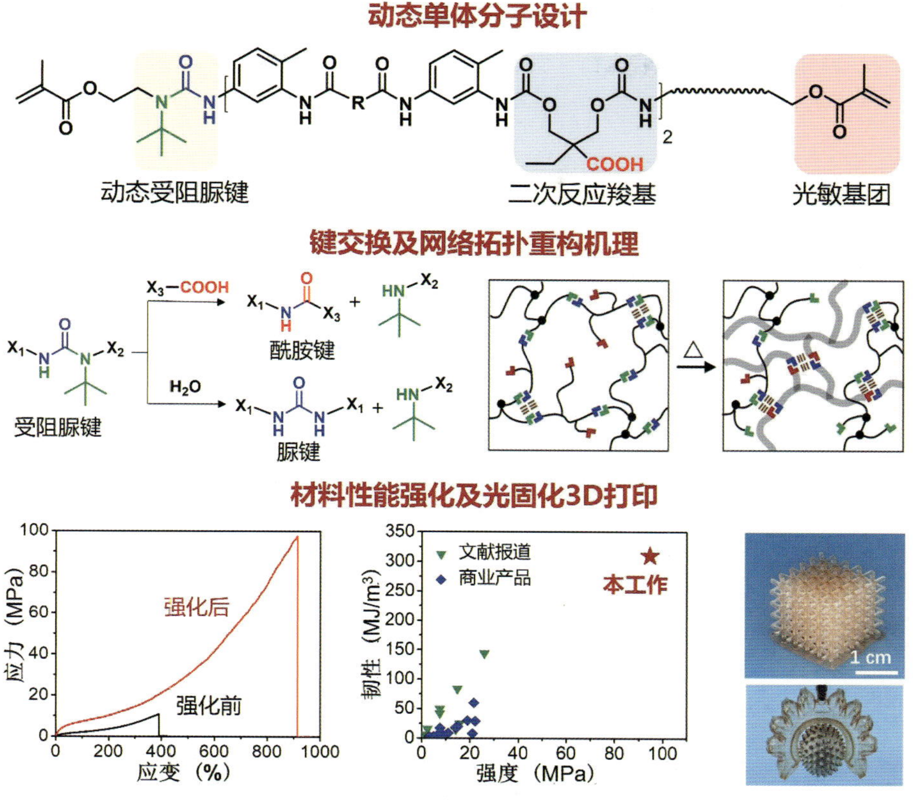

图 3-2-6　高强高韧 3D 打印弹性体的分子设计、网络演变及性能强化

胆汁淤积瘙痒分子机制及肝病治疗新方法研究

胆酸是肝脏中胆固醇的代谢终产物，通过肝肠循环参与脂肪的消化吸收和胆固醇代谢调节，具有非常重要的生理功能。但当胆汁流动受阻，发生胆汁淤积时，胆酸因无法正常代谢而在体内积累。高达 80% 的胆汁淤积患者伴有严重的全身性慢性瘙痒，这严重影响患者生活质量。然而，迄今为止，胆汁淤积瘙痒发生的分子机制尚不明确且无有效的治疗药物，远远无法满足临床需求。

在自然科学基金委（重点项目 22337002，重大研究计划项目 92253305，重大项目 22193073、31925017，面上项目 22177006）等资助下，北京大学雷晓光教授团队与北京大学李毓龙教授团队、首都医科大学北京佑安医院陈煜教授团队合作，通过基础研究与临床医学紧密结合，首次发现磺酸化修饰的胆酸通过增强与痒受体 MRGPRX4 的亲和力，诱发胆汁淤积瘙痒。借助冷冻电镜技术，团队解析了胆酸衍生物与 MRGPRX4 的复合物结构，揭示了胆酸分子激活该痒受体的分子机制及胆酸 3 位羟基基团对于激活该受体至关重要的作用。在上述机理研究的指导下，进一步针对具有严重瘙痒副作用的临床治疗药物奥贝胆酸（obeticholic acid，OCA）开展了药物化学改造，获得了全新的候选药物分子（图 3-2-7）并证明了其在保持治疗肝脏相关疾病性质的同时不再激活痒受体，从而不会产生瘙痒副作用。该研究实现了从临床问题出发，开展深入的疾病机制研究，揭示出新的药物靶标，进一步开发出候选药物分子，最后回到临床治疗这一完整的闭环，为肝胆疾病的治疗提供了新的思路。

相关成果以“Structure-guided discovery of bile acid derivatives for treating liver diseases without causing itch”为题，于 2024 年 10 月 29 日发表在*Cell*上。

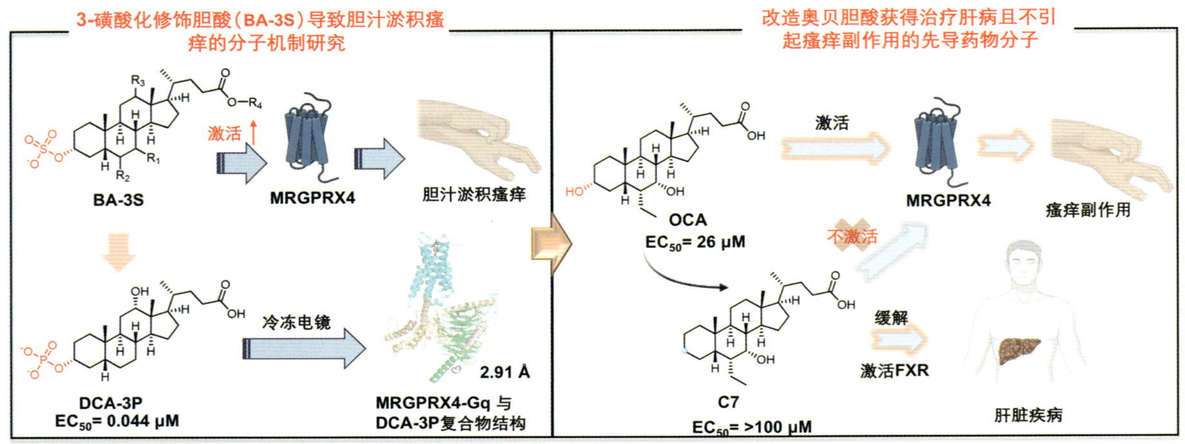

注：DCA-3P为 3-磷酸化修饰脱氧胆酸；FXR为法尼酯X受体（一种胆汁酸受体）。

图 3-2-7　PRX4 导致瘙痒的分子机制及无瘙痒副作用的肝病治疗先导药物开发

三、生命科学部

番茄花器官结构进化促进形成闭花授粉的分子机制研究

地球上大约 90% 的植物通过开花受精繁殖，产生果实和种子。给植物授粉是现代农业杂交育种最基本的技术。自然界中，植物有两种授粉形式：自花授粉和异花授粉。自花授粉有利于植物群体保持遗传稳定性，保留优势性状，在驯化作物中，有利于新品种形成，很多常见的作物都是自花授粉植物。闭花授粉则是最严格的自花授粉方式，可隔绝外源花粉的接触和污染，且闭花授粉的高授粉效率常导致较高结实率与产量。此外，闭花授粉也可以帮助控制转基因作物花粉扩散的“基因污染”。因此，理解植物闭花授粉形成的机制具有重要价值。

针对此问题，福建农林大学吴双教授团队在自然科学基金委（面上项目 32370354）资助下，在番茄上首次解析了植物通过形成锁扣表皮毛、改变花的结构，进而改变授粉方式的分子机制。该研究首先揭示了现代栽培番茄的花药边缘形成的一类特殊的锁扣表皮毛是形成密闭花药桶的关键结构。进一步，团队鉴定到三个同源域-亮氨酸拉链蛋白（HD-Zip Ⅳ）转录因子协同调控花药桶结构形成，发现这些关键HD-Zip IV 转录因子在花药和花柱中均通过控制细胞的核内复制，决定锁扣表皮毛的形成与花柱的长度。在此基础上，解析了上述调控机制在番茄进化和驯化中如何通过多步修正，将野生番茄的开花授粉结构改造为现代栽培番茄的闭花授粉结构（图 3-3-1）。

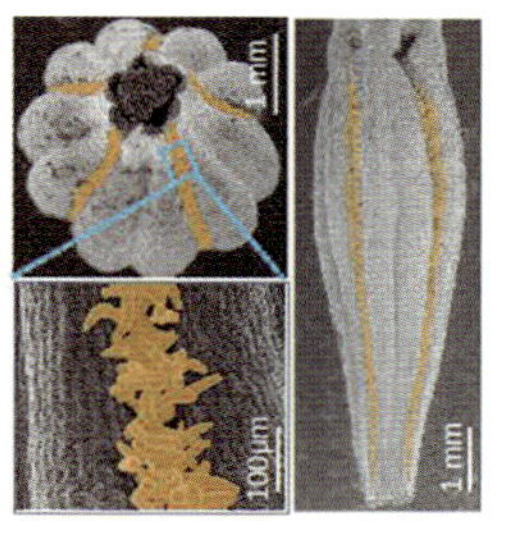

-10天

（a）锁扣表皮毛是形成花药桶结构的关键

柱头
HD7/Wo/HD7L
内复制
细胞分裂

（c）HD-zip 基因调控花柱头伸长

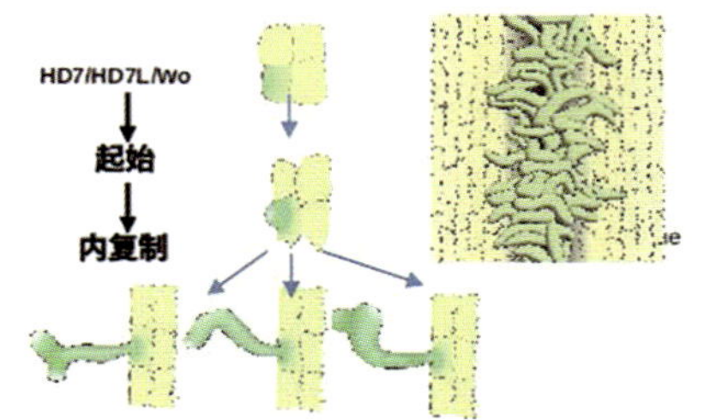

（b）HD-zip 基因促进锁扣表皮毛形成

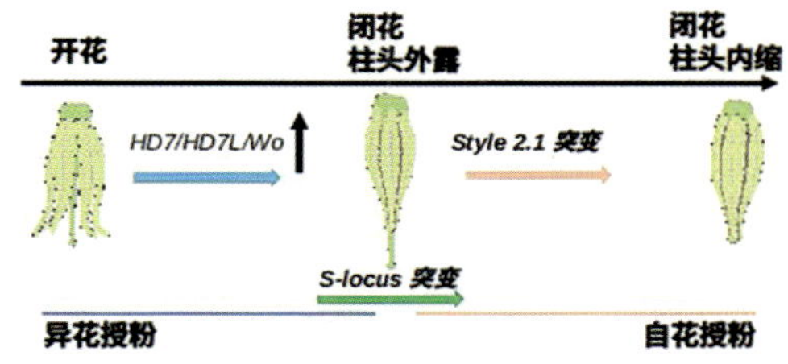

（d）番茄花从开花授粉到闭花授粉的进化路径

图 3-3-1 番茄花器官结构进化形成闭花授粉示意

该成果不仅揭示了植物闭花授粉形成的关键分子机制，也为植物分子设计育种提供了全新的设计思路和改造模式。成果以“HD-Zip proteins modify floral structures for self-pollination in tomato”为题，于 2024 年 4 月 5 日发表在 *Science* 上。成果发表后，引起了植物学界的广泛关注，*Trends in Plant Science* 等国际期刊发表了针对性的亮点评述文章来介绍该成果。

全球不同国家粮食稳定性与作物多样性研究

全球环境变化尤其是气候波动加剧，给全球粮食安全带来了巨大挑战。近些年的研究表明，相较于传统的农业管理方式，作物组合多样化提供了一条更为绿色的提升国家粮食稳定性的途径（图 3-3-2）。然而，由于作物品种的区域差异性以及更高的经济成本，农业管理中关于作物多样性的稳定化效应一直存在争议。

图 3-3-2　多样化的农田景观

在自然科学基金委（优秀青年科学基金项目 32122053、基础科学中心项目 31988102、青年科学基金项目 32201301）资助下，北京大学城市与环境学院王少鹏研究员团队在作物多样性与粮食稳定性研究方面取得了重要进展。团队基于生态系统的多尺度稳定性理论，结合联合国粮农组织统计资料（FAOSTAT）和全球农业遥感与社会经济数据集，揭示了作物多样性-粮食产量稳定性关系的空间尺度依赖性。研究发现，随着国家耕地面积增加，粮食产量稳定性逐渐增强。虽然提高作物多样性有利于提升粮食产量稳定性，但这一作用存在尺度效应：大型国家从提高作物多样性中获得的稳定化效应要显著高于小型国家（图 3-3-3）。这是因为小型国家的总耕地面积有限，增加作物多样性会引起平均种植面积减少，从而降低作物的平均稳定性。该研究对农业系统管理有重要启示：在制定多样化农业生产体系时，应考虑到多样性作用的尺度依赖以及作物多样化的经济成本。虽然作物和环境多样性在缓冲极端天气事件和降低国家粮食风险方面起着重要作用，但这些作用在小型国家中较弱，加强灌溉或轮作等管理方式可能是更有效的提升粮食稳定性的途径。

相关成果以“Larger nations benefit more than smaller nations from the stabilizing effects of crop diversity”为题，于 2024 年 5 月 24 日发表在*Nature Food*上。同期发表的美国科学院院士戴维·蒂尔曼（David Tilman）教授的评论文章，认为该研究“创新性地将空间生态学理论引入农业研究，通过揭示作物多样性-稳定性关系的空间尺度依赖性，为不同国家的管理策略制定提供了重要见解”。

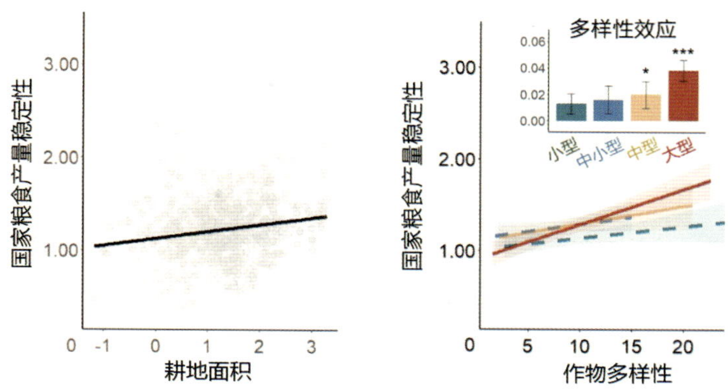

图 3-3-3　耕地面积和作物多样性对国家粮食产量稳定性的促进作用及多样性效应的尺度依赖

玉米“智慧株型”基因的发掘与利用

作物产量的本质是群体产量，种植密度的不断增加是作物单产水平持续提升的主要原因。然而，提高作物种植密度通常导致作物群体冠层郁闭，诱发避阴反应，使作物群体产量下降。合理的株型结构是作物适应密植的前提，理想的作物株型不同冠层水平的叶片应具有不同的受光姿态，以充分利用各个冠层水平不同的光温资源进行光合作用，从而提高群体光合效率，最终提高群体产量。鉴定智能适应密植光温环境变化的“智慧株型”基因是国际竞争的前沿领域。

在自然科学基金委（国家杰出青年科学基金项目 32025027、重点项目 32330077）等资助下，中国农业大学田丰教授团队开展了玉米耐密理想株型建成的基因挖掘和调控机制研究，首次在玉米中发现了“智慧株型”基因*lac1*并揭示了*lac1*通过光信号途径动态调控玉米株型适应密植的分子机制（图 3-3-4）。*lac1*调控玉米产生上部叶片紧凑、中下部叶片相对平展的“智慧株型”。这种“上紧下松”的株型结构优化了密植群体冠层内的光分布，显著增加了群体中下部冠层透光率，提高了密植群体的光合效率，削弱了密植造成的避阴反应，最终促进了密植增产（图 3-3-4）。团队融合基因编辑和单倍体诱导技术，开发出了通过“一次杂交”即可实现“一步成系”的单倍体诱导编辑技术，在玉米商业育种自交系中快速实现了“智慧株型”的精准复刻。这一研究成果是该团队在 2019 年鉴定出玉米紧凑株型基因*UPA2/ZmRAVL1*（相关成果于 2019 年发表在*Science*上）之后的又一新突破，所建立的玉米株型分子调控网络和开发的单倍体诱导编辑“一步成系”技术为玉米理想株型分子设计育种、耐密高产品种培育提供了重要理论基础和技术支撑。

相关成果以“Maize smart-canopy architecture enhances yield at high densities”为题，于 2024 年 6 月 12 日首先以“文章加速预览”模式在线发表在 *Nature* 上。成果正式发表后，*Nature* 又刊发了研究点评，著名植物发育生物学家、美国科学院院士萨拉·黑克（Sarah Hake）教授认为“这是一项富有多层次创新的非凡研究，完美衔接了基因发现、调控机制解析、应用技术研发和玉米种质改良”。*Nature Plants*、*Science China-Life Sciences* 等国际期刊相继发表专评，认为这一开创性的研究成果将极大地促进“智慧作物”和“智慧农业”的发展。

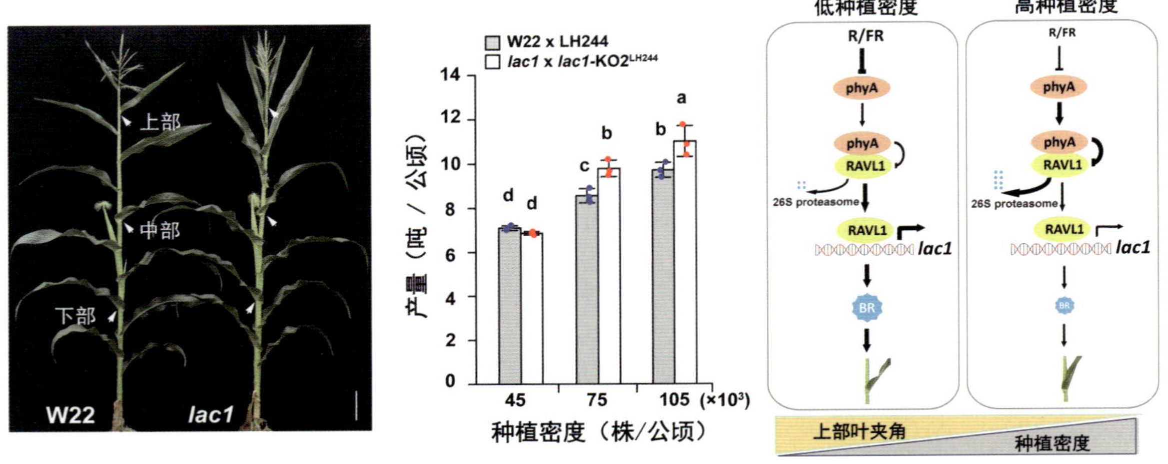

图 3-3-4 “智慧株型”基因 *lac1* 促进玉米密植增产

开发基于 DNA 的力 – 时间探针，用于在单分子水平上破译细胞机械力传递动态过程

电学、化学和力学构成了细胞内三大主要的信号系统，它们协同作用以维持细胞的生命活动。与电学和化学信号相比，细胞的机械力信号缺少有效的可视化技术，人们一直对其认识有限。然而，近些年的研究显示，在细胞生命过程中，细胞不仅通过互相挤压来争夺生存空间，还受到挤压、拉伸、弯曲和拉扯等来自细胞外基质的机械力调控。尽管细胞膜上每个受体传递的机械力小得令人难以置信——分布在皮牛顿（piconewton）范围，但是这些机械力信号深刻影响着细胞迁移、分化以及免疫识别等多种过程。因此，在空间和时间上精确地可视化微观细胞机械力，成为深入理解细胞如何使用微观力学信号来调控或改变相关生物化学信号的关键途径。

在自然科学基金委（原创探索计划项目 32150016）资助下，武汉大学刘郑教授、张兴华教授联合团队通过设计基于DNA结构的机械力分层响应系统（一种基于DNA纳米结构的单分子力学成像技术），首次在活细胞中实现了对膜蛋白上力传递持续时间、加载速率和力强度的同步成像测量。相关成果以“DNA-based ForceChrono probes for deciphering single-molecule force dynamics in living cells”为题，于 2024 年 6 月 20 日发表在*Cell* 上。

通过该方法，团队在单分子水平上建立了整合素机械力大小与传递时间的关联，确认了包括肌球蛋白在内的多种细胞内蛋白质，以及细胞外配体密度等物理因素，精细调控了整合素的单分子力学加载动态。此外，团队通过敲除力学敏感蛋白质及回补其点突变体的手段，系统地研究了不同蛋白质及其不同结构域在整合素机械力传递过程中的功能（图 3-3-5）。这一技术让我们深入理解了细胞如何感知和传递力学信号，并为细胞行为、健康以及相关疾病的研究提供了新的工具，也为我们理解细胞内部复杂的生物过程提供了新的视角，揭开了细胞内隐藏的“力学世界”。

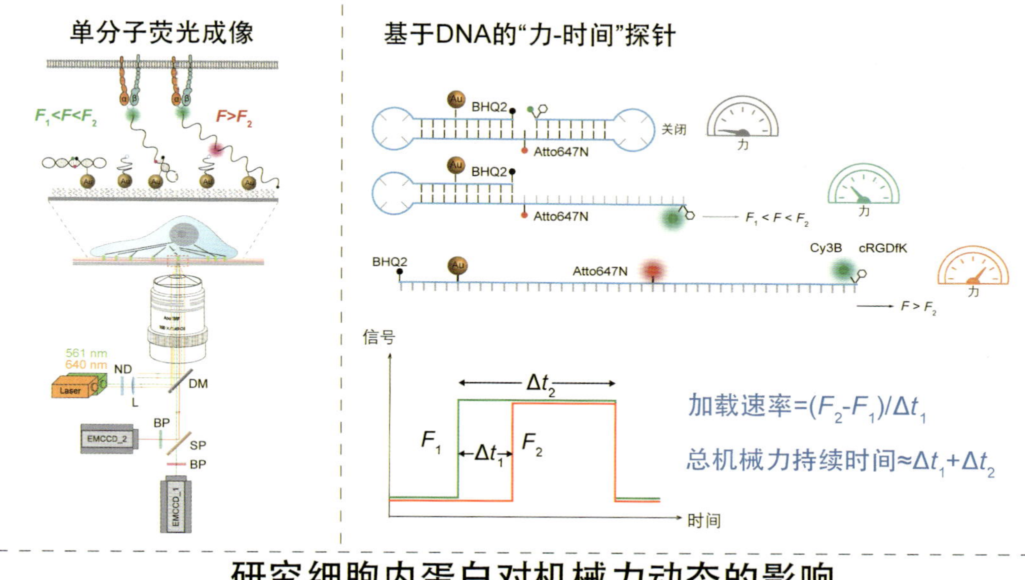

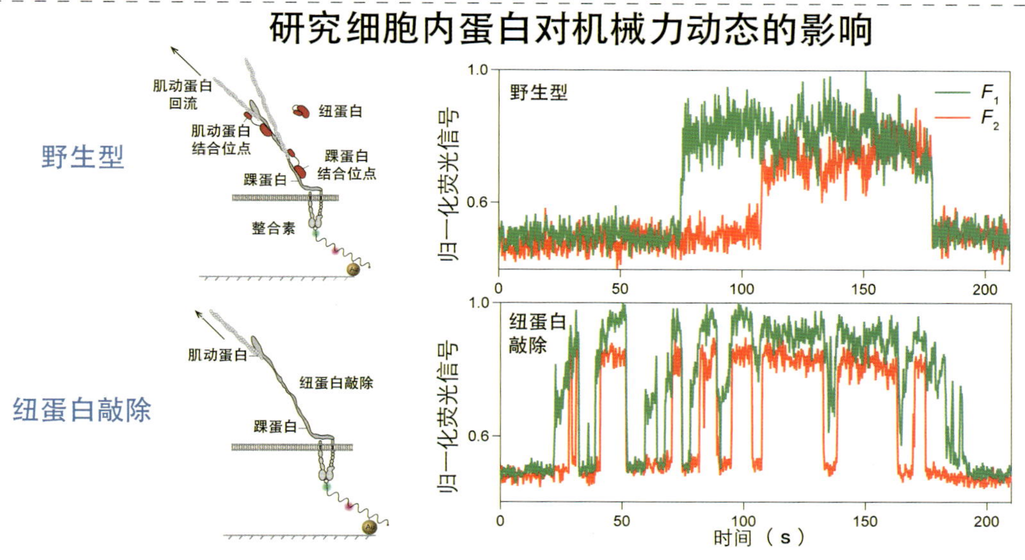

图 3-3-5　力－时间探针解码单分子力学传递动态过程

相分离蛋白介导植物细胞渗透胁迫感受的分子机制研究

细胞膜内外的水分子因膜两侧存在渗透压梯度而自发迁移的现象称为渗透作用。为了维持自身形态和适宜的含水量，细胞必须具备感知并适应环境渗透压变化的能力，这些能力对于植物细胞来说尤为重要。固着生活的植物经常面临由干旱、洪涝、高盐和极端温度等导致的渗透胁迫。全球每年由各种与渗透胁迫相关的自然灾害造成的农作物损失超过总产量的一半。因此，深刻理解植物细胞感知和适应环境渗透胁迫的分子机制具有极其重要的理论价值和现实意义。

在自然科学基金委［国际（地区）合作与交流项目 32261160572、面上项目 31870254］等资助下，南方科技大学郭红卫教授团队揭示了一条存在于植物细胞质中由相分离蛋白介导的渗透胁迫感知与适应新途径。相关成果以“A cytoplasmic osmosensing mechanism mediated by molecular crowding-sensitive DCP5”为题，于 2024 年 11 月 1 日在线发表在 *Science* 上。

一般认为，细胞通过质膜上机械力门控离子通道响应膜张力变化是实现渗透胁迫感知的主要方式。但近些年的相关研究提示，细胞也可能通过不同机制在细胞的其他区域实现对渗透胁迫的感知。团队的研究结果显示，在等渗环境中，DCP5 蛋白均匀分散在细胞质中，当细胞暴露于高渗环境时，DCP5 蛋白响应细胞体积变化导致的胞内分子拥挤，发生液－液相分离并形成凝聚体，细胞从而感知高渗胁迫。进一步研究证实，在凝聚体形成过程中，DCP5 与 RNA 结合蛋白、翻译起始因子以及大量mRNA 共同富集，形成DCP5 富集的渗透应激颗粒（DOSG），进而双重调控转录组和翻译组，实现植物对渗透胁迫的即时应答（图 3-3-6）。作为多功能的渗透感受器分子，DCP5 通过相分离和DOSG装配，同时实现了对渗透胁迫的感知和适应。相比经典的胁迫信号转导途径，该机制无需信号分子和信号转导过程，因而能够更加迅速地响应环境变化。该研究也为“蛋白相分离是细胞环境感受通用机制”的新观点提供了重要的实验证据，其成果获得中国科学院院士种康、新加坡国家科学院院士俞皓等相关领域专家的高度赞誉，称该发现“为深入理解细胞环境感受提供了全新视角”。

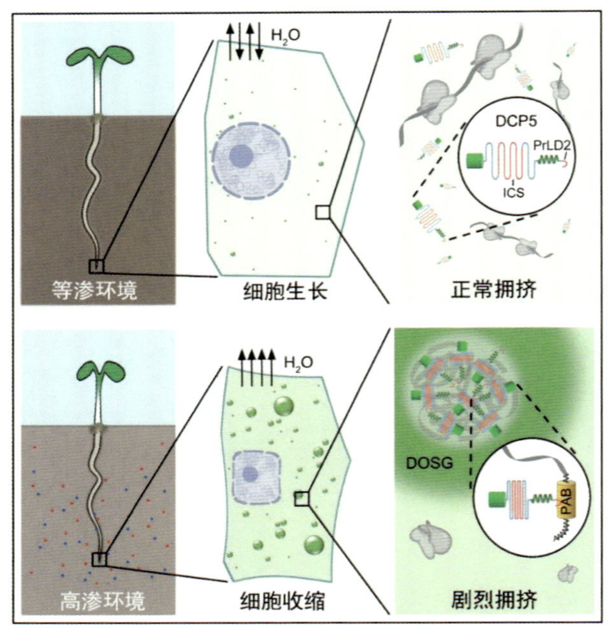

图 3-3-6　DCP5 蛋白感知和适应渗透胁迫的机制示意

蓝光受体在黑暗中发挥功能的机制研究

光不仅是植物光合作用的能量来源，也是调控植物发育的重要环境信号。植物在光下和黑暗中的发育情况完全不同，如光下的植物幼苗下胚轴短但根比较长，而生长在黑暗中的植物幼苗下胚轴努力伸长但根很短。这是因为植物光受体蛋白作为植物的“眼睛”，能感知光信号从而调控植物生长发育。植物具备一系列不同的光受体以感受不同波段的光，蓝光受体隐花素（Cryptochromes，CRYs）介导蓝光调控植物下胚轴伸长、开花、种子萌发等发育过程。以往关于CRYs的研究聚焦于CRYs的“蓝光激发”机制以及CRYs“蓝光依赖”的功能活性，CRYs在“黑暗中”或“非蓝光激发态”是否具有调控植物生长发育的功能一直未知。

在自然科学基金委（国家杰出青年科学基金项目 31825004、重点项目 32330006、原创探索计划项目 32150007）等资助下，深圳大学刘宏涛教授团队以模式植物拟南芥为材料，发现CRYs在非光激发态具有特异功能。这表明蓝光不仅能“激活”CRYs功能，也能“失活”CRYs功能，为光信号领域开辟了“光受体在黑暗中的功能”这一全新研究方向。该研究发现拟南芥蓝光受体Cryptochrome 2（CRY2）在黑暗中可以调控细胞分裂、光合作用等多个重要生命过程相关基因的表达。黑暗条件下，CRY2 通过抑制根尖分生区细胞分裂从而抑制主根伸长，而蓝光则可解除该抑制。通过筛选获得黑暗（或非蓝光）条件下同CRY2 结合的蛋白FORKED1-LIKE（FL）家族成员FL1 和FL3，它们和CRY2 的结合受蓝光抑制。后续研究确认FL只能结合非蓝光激发的CRY2 单体而不能结合蓝光激发后的CRY2 多聚体。FL1 和FL3 是两个位于CRY2 遗传学下游的促细胞分裂因子，具备结合细胞分裂基因染色质并促进基因表达的功能。黑暗中CRY2 通过结合FL从而抑制FL促根尖分生区细胞分裂，进而抑制主根伸长。蓝光下CRY2 形成多聚体不能再同FL结合，FL功能被释放从而促进主根伸长。CRY2 在黑暗中的功能有助于我们更立体、更宏观地理解光信号对植物生长发育的调控作用，为很多常见且有趣的自然现象提供了一个全新的解释。例如黑暗中生长的黄化苗之所以具有长下胚轴和短根，是因为非光激发态CRY2 抑制根伸长并促进种子将有限的能量优先供给下胚轴伸长，帮助其破土而出（图 3-3-7）。

相关成果以“The Arabidopsis blue-light photoreceptor CRY2 is active in darkness to inhibit root growth”为题，于 2024 年 11 月 15 日发表在*Cell*上。成果发表后引起国际植物学界广泛关注，*Nature Plants*、*Science China -Life Sciences*等期刊相继发表了评述文章点评推介该成果，认为该项研究解决了一个长久存在的未知问题。

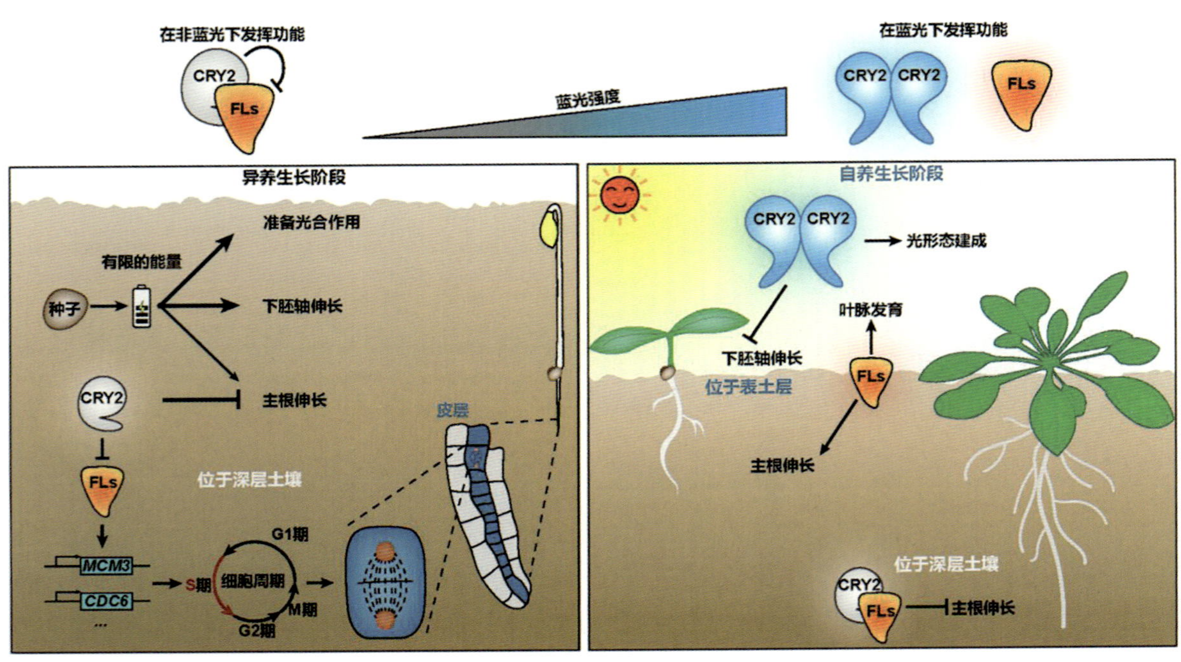

图 3-3-7　CRY2 在不同生长时期、光照环境、部位以不同的状态协调植物生长发育

四、地球科学部

燕山地区发现迄今全球最早的多细胞真核生物化石并入选 2024 年 *Science* 十大科学突破

当今地球上我们熟知的所有复杂生命，例如动物、陆生植物和真菌，都是多细胞真核生物。因此，真核生物的多细胞化，是生命向复杂化和大型化演化的必要条件，被认为是地球生命演化史上重大创新事件之一。然而，真核生物最早在何时发生多细胞化？截至目前，学界对这一重大科学问题并无明确的答案和证据。

在自然科学基金委（“地球系统与全球变化”重点研发计划重点专项项目 2022YFF0800100、基础科学中心项目 41888101、创新研究群体项目 41921002、面上项目 41972204）等资助下，中国科学院南京地质古生物研究所朱茂炎研究员领导的“地球-生命系统早期演化”团队与美国哈佛大学安德鲁·诺尔（Andrew Knoll）教授合作，在河北宽城地区距今 16.4 亿年的长城系串岭沟组中，发现了多细胞真核生物化石“壮丽青山藻”（*Qingshania magnifica* Yan）（图 3-4-1）。壮丽青山藻是多细胞丝状体，丝状体直径可达 194 μm，长度可达 860 μm，个体形态和细胞均具有一定程度的复杂性；化石由多个柱状细胞组成，部分细胞内含有 15~20 μm 大小的类似“孢子”的圆形结构（图 3-4-1）。化石形态和光谱学分析等表明，壮丽青山藻不仅是多细胞真核生物，而且属于冠群真核生物。壮丽青山藻出现的时间仅稍晚于最古老的单细胞真核化石（距今约 16.5 亿年），这表明真核生物在地球上出现之后不久便发生了多细胞化演化。该发现将目前学界普遍接受的多细胞真核生物出现

图 3-4-1　多细胞真核生物化石“壮丽青山藻”

的时间提前了约 6 亿年（图 3-4-2），远早于先前的估计。同时，该发现将为揭示元古宙地球的环境演化过程提供新的思考。

该成果于 2024 年 1 月 24 日发表在*Science Advances* 上。*Science* 为其刊发了题为《微小化石颠覆多细胞生命演化时间线——真核生物在 16 亿年前演化出多细胞体》的深度报道，多位国际同行给予了充分认可：“通常认为多细胞化的出现是非常难的，而该发现改写了对早期生命演化的认识。”此外，该成果入选*Science* 2024 年 12 月 13 日公布的“2024 年度十大科学突破”。

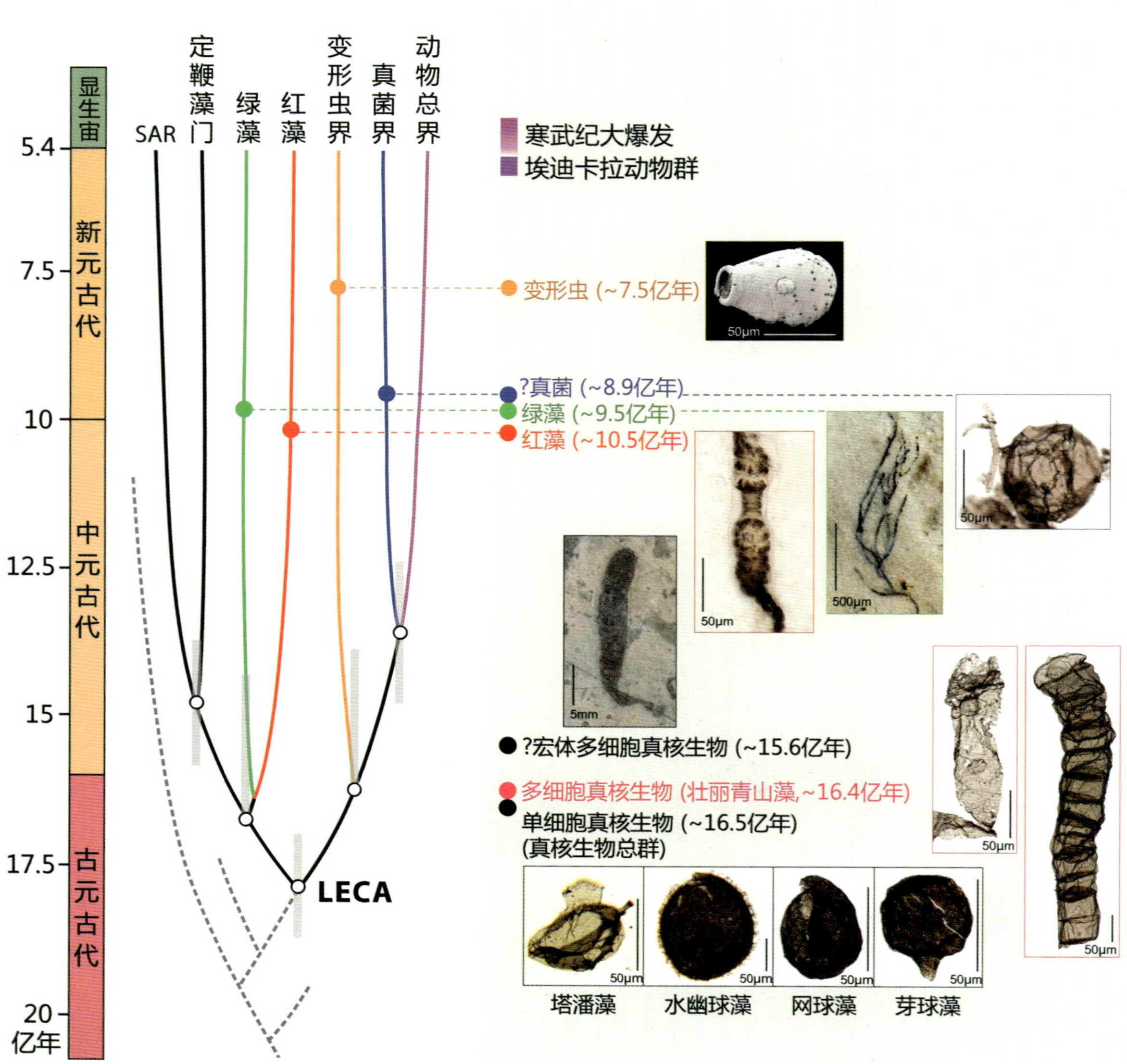

注：真核生物谱系发生树中，虚线表示干群真核生物，实线表示冠群真核生物［真核生物共同祖先（LECA）及其所有后裔］；分歧点上的浅灰色条带表示分子钟估算的分歧时间；化石记录中，“？”表示化石的生物学属性解释目前仍有待确定

图 3-4-2　真核生物谱系发生树简化图和真核生物早期重要化石记录

温室期超级厄尔尼诺的灭绝效应研究

自工业革命以来，人类活动向大气排放了巨量的二氧化碳，导致全球气温不断上升，引发了国际社会对第六次生物大灭绝的担忧。工业革命之前的二氧化碳释放主要由大型的火山作用造成。从 5.4 亿年前出现复杂生命至今，超大规模的火山作用发生了数十次，其中只有十几次诱发了短期的温室气候事件，伴随生物灭绝事件的则更少。但是，二叠纪末（约 2.5 亿年前）的火山作用却造成了地质历史上最大的一次生物灭绝事件，这种罕见的现象挑战了学界对地球气候系统拐点的认知。

在自然科学基金委（创新研究群体项目 41821001、面上项目 42272022）等资助下，中国地质大学（武汉）孙亚东教授与海外合作者，结合地球化学代用指标、沉积学和地球系统科学模拟，建立了二叠纪末生物大灭绝启动和灭绝机制的统一学说。该学说指出，盘古地球更易受持续的强厄尔尼诺影响（图 3-4-3），在大气二氧化碳浓度仅少量增加的情况下即可将地球系统推向灭绝状态。该研究表明，在二叠纪末大气二氧化碳分压从约 410 ppm 增加到约 860 ppm 的过程中，大洋经向翻转环流崩溃，大气哈德利环流收缩，厄尔尼诺现象加剧。随之而来的森林退化、珊瑚礁消亡和浮游生物危机标志着一连串生态灾难的开始。陆地和海洋碳封存的减少引发了正反馈，导致更暖的气候和更强的厄尔尼诺发生。

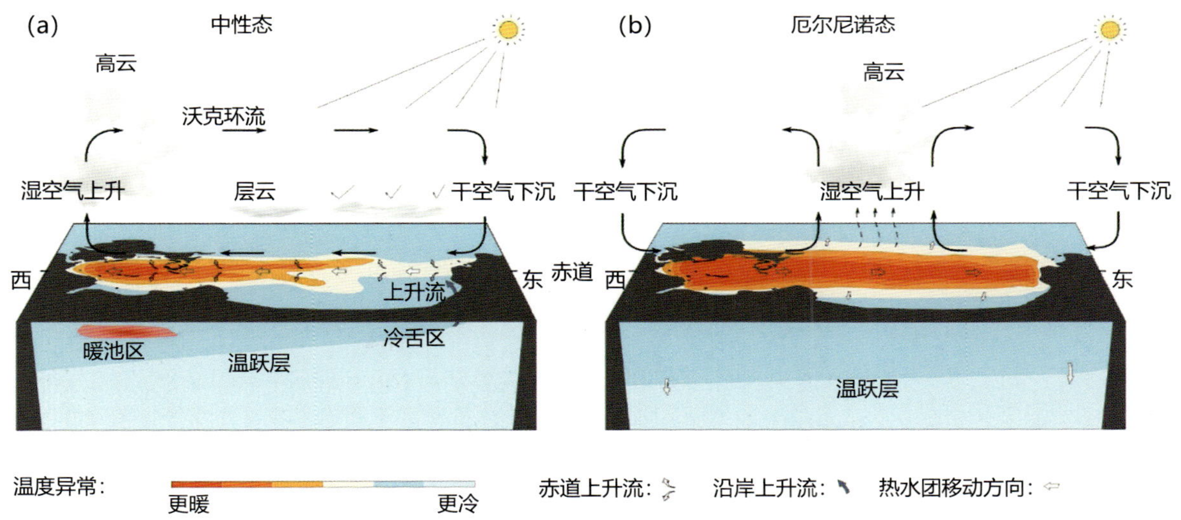

注：在中性条件下，赤道东风将温暖的表层海水沿赤道两侧向西推进，形成西部暖池和东部冷舌。在厄尔尼诺期间，赤道沿线的均匀海温降低了近地面气压梯度，从而削弱了东风的作用，使温暖的表层海水向东退却，并使温跃层变平。在厄尔尼诺期间，行星反照率下降，反射性层云较少出现。

图 3-4-3　厄尔尼诺出现前（a）和出现期间（b）沿古赤道的简化和理想化的海洋 - 大气相互作用

相关成果以“Mega El Niño instigated the end-Permian mass extinction”为题，于 2024 年 9 月 12 日发表在*Science* 上。同期“Science News”板块对该文进行了评述和解读。短时间尺度气候变率的长期生态环境效应往往被当前社会忽视，尤其是在变暖背景下的生态效应尚待深入评估。现代强厄尔尼诺经常引起海温异常和极端旱－涝气候，造成珊瑚白化、鱼类和鸟类的大量死亡，进而影响人类社会。多位国际专家高度评价该研究，认为短尺度气候变化放大灭绝效应的观点“令人耳目一新”，也是“我们理解地球气候演化过程的一个重要进步”。

冰川融化新机制研究

近半个世纪以来，格陵兰冰盖急剧融化，成为全球平均海平面上升的最大单一贡献源。现有研究表明，如果格陵兰冰盖完全融化，全球平均海平面将上升 7 m 左右，将会对世界沿海地区造成巨大的社会和经济影响。格陵兰冰盖的融化机理一直是国内外专家的研究热点，而融水如何在冰盖内部和底部演化这一关键问题尤为重要。

在自然科学基金委（基础科学中心项目 42388102、优秀青年科学基金项目 42322403、面上项目 42174096）等资助下，南方科技大学冉将军研究员、中南大学李建成教授团队等与海外合作者利用全球导航卫星系统攻克难题，创新性地构建了格陵兰冰盖内部和底部的融水与基岩垂直位移之间关系的函数模型，揭示了格陵兰冰盖内部和底部融水的演化规律（图 3-4-4）。同时，团队还发现，冰盖内部和底部储存的融水量巨大，能够将测站附近的基岩最高压低 5 mm，对建立和维持毫米级全球高程基准具有重要的影响。

相关成果以“Vertical bedrock shifts reveal summer water storage in Greenland ice sheet”为题，于 2024 年 10 月 30 日发表在*Nature* 上。该研究是大地测量学与冰川学的深度交叉融合，为监测融水在冰盖内部和底部的演化提供了新视角。该研究不仅有利于提高冰川模型的可靠性，而且为冰盖动态演化过程提供了重要参考。

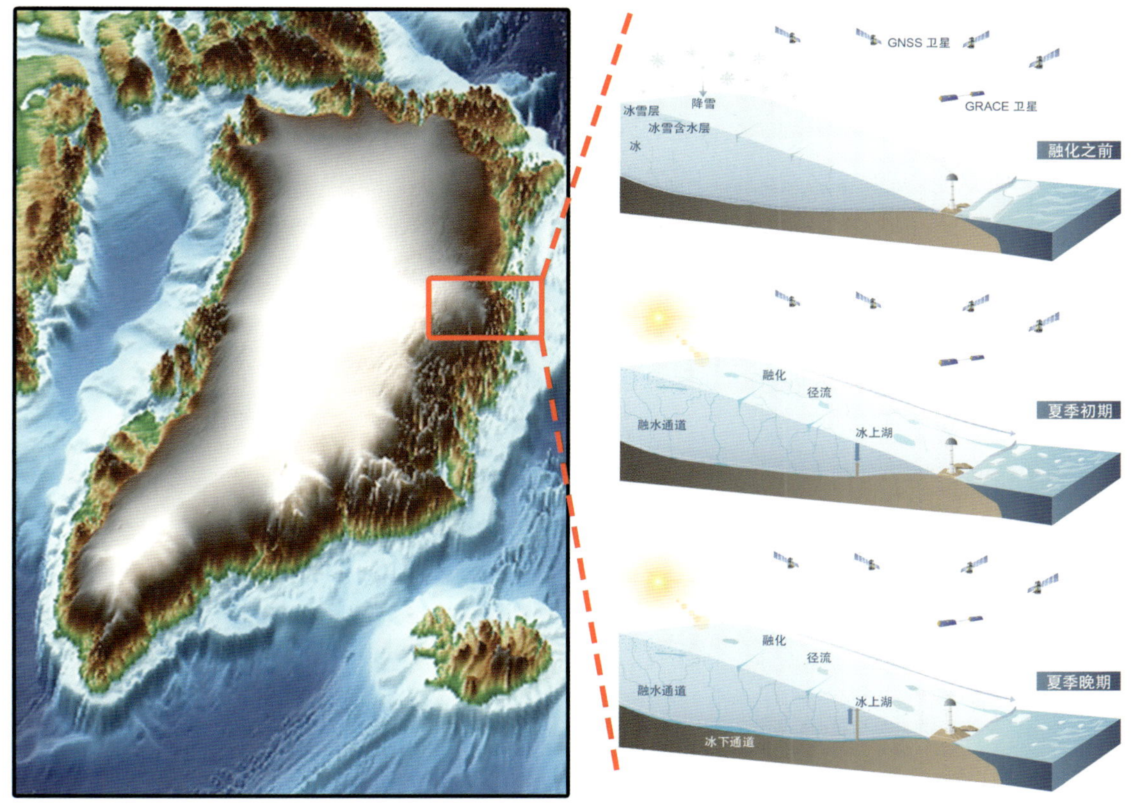

图 3-4-4　冰盖水储量的演变及其在不同融化季节阶段与基岩位移的关系

人类活动对全球降水多变性的影响研究

伴随气候变暖，全球水循环正在增强，表现为全球大部分地区平均降水和极端降水增强。与此同时，降水还不断呈现出更加复杂多变的特征——降水变率变化。降水变率亦被称为“降水多变性”，是指降水随时间的波动或振荡幅度。降水多变性越强，则降水在时间上分配越不均匀，越会出现“湿期更湿、干期更干”和“干湿转换更加剧烈”等现象（图 3-4-5）。尽管理论上全球降水可能随着全球变暖而更加多变，但在现实观测中，人类活动是否已经显著影响到降水多变性此前并无充分的证据。

在自然科学基金委（基础科学中心项目 41988101、面上项目 42275038 等）资助下，中国科学院大气物理研究所周天军研究员团队，联合英国气象局学者，在降水多变性的检测归因研究领域取得了进展。

团队利用国际上可公开获取的所有降水观测资料，研究发现自 1900 年以来，在全球观测资料充足的地区，约 75% 的陆地上降水多变性已增强，尤其以欧洲、澳大利亚和北美东部最为显著（图 3-4-6）。就全球平均而言，逐日降水多变性正以每 10 年 1.2% 的速率增强。

为理解降水多变性增强的物理机制，团队基于一个两层约化水汽收支动力诊断模型和最优指纹检测归因法，证明了人为温室气体排放的主导作用。其具体的物理过程由大气热力作用主导，即温室气体增温引起大气水汽含量增加，促进了降水异常幅度增大、多变性增强。同时，大气环流也会影响降水多变性的年代际变化，且这种动力作用存在明显的区域特征。

自 20 世纪后半叶以来，我国大部分地区降水多变性呈增强趋势，同时也表现出显著的年代际变化特征和区域差异，这与区域大气环流的复杂变化有关。

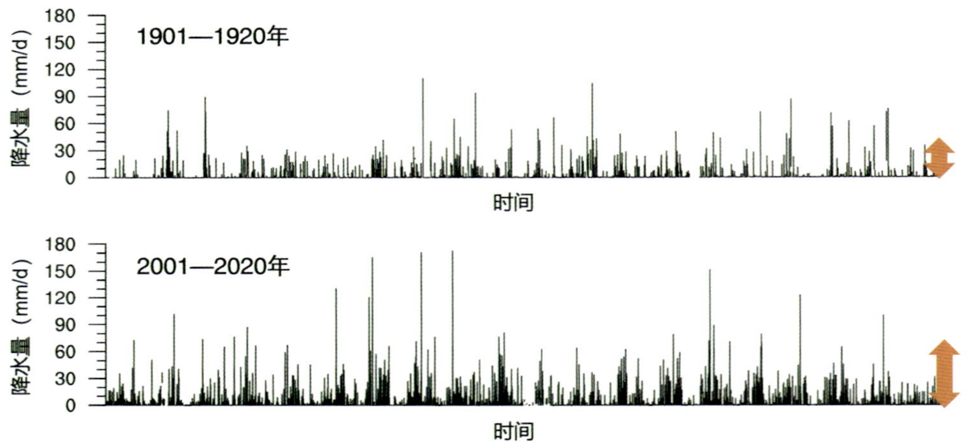

注：黄色箭头表示降水多变性强弱。

图 3-4-5　降水多变性增强示意［北美地区一站点（41.7°N，94.5°W）1901—1920 年（上图）与 2001—2020 年（下图）逐日降水时间序列］

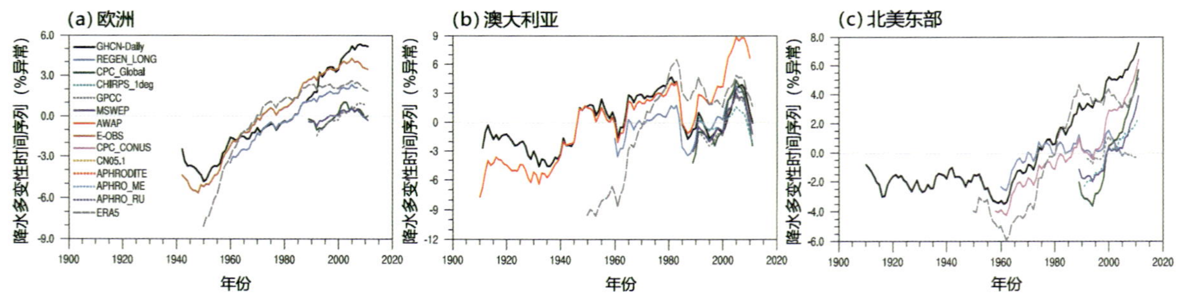

注：不同颜色代表不同来源的观测资料。

图 3-4-6　1900—2020 年全球关键区域降水多变性时间序列

相关成果以“Anthropogenic amplification of precipitation variability over the past century”为题，于 2024 年 7 月 26 日发表在*Science*上。该研究将对水循环变化的认识由降水平均态和极端事件拓展到多变性，为理解人为气候变暖下的水循环变化提供了新视角和新证据。降水多变性增强将对农业生产、水资源管理和生态系统保护产生显著影响，也对气象防灾减灾和应对气候变化提出了新的挑战。

海洋次表层热浪与冷浪关键驱动机制的研究

海洋热浪与冷浪会严重破坏海洋生物的栖息环境，给生态系统和社会经济造成灾难性后果，受到全球科学家和社会各界的高度关注。绝大多数现有的相关研究集中于卫星可以直接观测的海洋表层，并通过热收支等方法将表层热浪与冷浪归因于海气热交换、海水平流以及混合等驱动机制。但对于拥有全球海洋中规模最大、开发最少生物种群的次表层，长期连续的观测数据匮乏，常用的参数提取与机制分析方法难以全面应用，目前对其热浪与冷浪发生特征与驱动机制的认识几乎是空白的。

在自然科学基金委（面上项目 42276027、42276186，重点项目 42130404）等资助下，中国科学院南海海洋研究所詹海刚研究员团队与海外合作者创新性地提出了适用于时空离散剖面数据的研究方法，并通过量化比较极端温度事件发生在中尺度涡内外的频率差异来揭示涡旋的影响。基于该方法，团队系统分析了全球不同洋盆 8 套长期潜标观测资料、200 多万条历史温度剖面数据，以及卫星遥感的涡旋信息，发现绝大多数次表层（100~1000 m）热浪/冷浪事件与表层极端温度事件没有直接联系，而是经常发生于反气旋涡/气旋涡经过期间（图 3-4-7）。涡旋对全球海洋表层热浪/冷浪的平均贡献率仅约 10%，但对次表层热浪/冷浪的平均贡献超过 30%，而在副热带流涡区和中纬度强流区更是超过 60%，且涡旋越强，引发极端温度事件的概率越大。研究还发现，随着全球持续变暖，涡旋正在放大次表层热浪的升温速率和冷浪的降温速率，加剧热浪与冷浪的发生。

相关成果以“Common occurrences of subsurface heatwaves and cold spells in ocean eddies”为题，于 2024 年 10 月 16 日发表在*Nature* 上。该研究突破了次表层连续观测数据严重不足的限制，首次从全球尺度上揭示涡旋是海洋次表层热浪与冷浪事件的关键驱动机制，为海洋次表层热浪与冷浪的探测、评估与预测提供了全新的路径。多位专家高度评价了该成果，认为其“在实现次表层热浪与冷浪遥感监测方面前进了一大步，是次表层极端环境遥感的一个突破”。

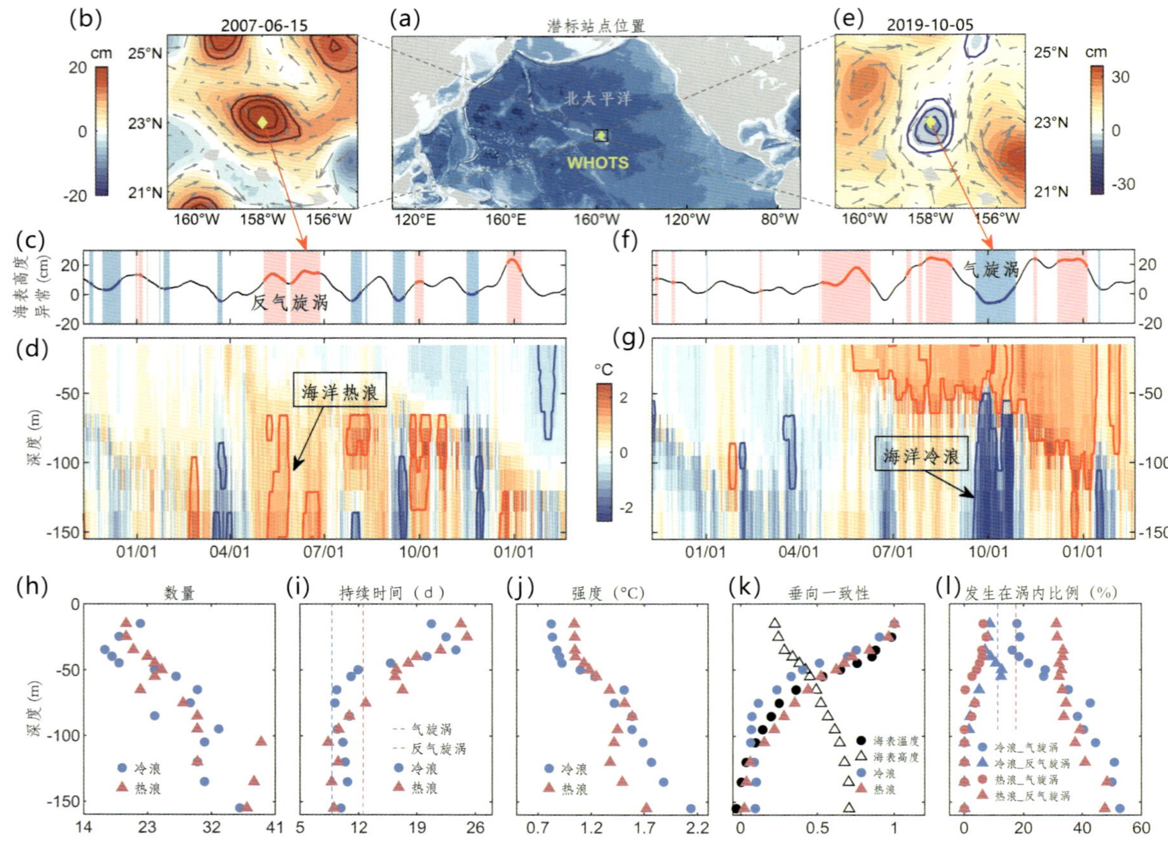

图 3-4-7　潜标观测揭示海洋次表层热浪 / 冷浪的发生与中尺度涡密切相关

水伏能与压电能驱动微生物生长代谢及生物地球化学循环研究

生命的核心是能量的获取与利用，本质是电子的传递与摄取。地球系统中存在多种能量场，其中光能和化学能是最广泛的微生物能量利用形式。光能微生物可通过传递光电子（太阳能→电能→生物能）实现生长，而化学能微生物通过利用元素价电子（存储在有机/无机物中的化学能→电能→生物能）完成代谢。近年来，某些微生物被发现具有可直接利用胞外电子（如电极直流电）进行生长代谢的能力，被称为电能营养微生物。自然界中各种能量场都可以通过转化形成电能，这暗示着微生物具有利用更多能量类型的可能。

在自然科学基金委（国家杰出青年科学基金项目 41925028、优秀青年科学基金项目 42322706）资助下，福建农林大学周顺桂教授团队发现了植物叶片蒸发作用下的“热能→电能”转换过程（水伏电子）及基于摄取水伏电子（水伏能）的微生物能量利用新形式。进一步研究发现，水伏电子可以产生在各种蒸发环境中；生物膜中水分蒸发过程产生的水伏电子可被紫色非硫细菌利用，从而实现 CO_2 还原固定。同时，该团队发现土壤中反硝化微生物可以利用矿物挤压过程产生的电子（压电能）驱动自身反硝化代谢，进而提出了“压电营养型”微生物能量利用新形式。基于该发现，团队开发了“压电反硝化”废水处理新工艺（图 3-4-8），通过反硝化菌压电矿物表面生长，利用机械力振荡反应器，首次实现了机械能直接驱动的生物脱氮反应。

相关成果发表在*Nature Water*、*Nature Communications* 上。这些研究突破了对生命可利用能量类型的传统认识，暗示一切可转换为“电子”的能量都可为微生物供能，为理解微生物生态系统多样性与复杂性，探索极端地球系统下的生命代谢方式提供了新视角。

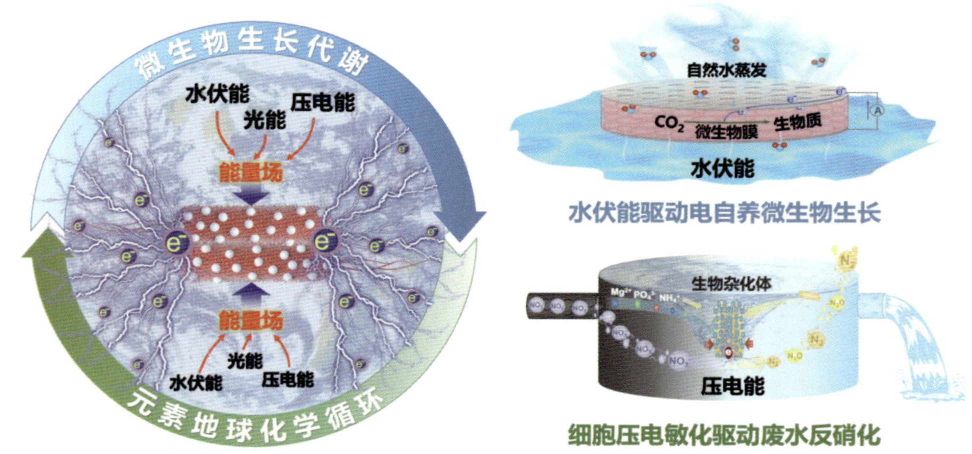

图 3-4-8　水伏能与压电能驱动微生物生长代谢及“压电反硝化”废水处理新工艺

五、工程与材料科学部

电力系统极端事件防御及恢复理论与方法研究

电力系统是国家关键基础设施。近年来，自然灾害及人为攻击等极端事件导致电力系统的大规模停电频发。这类事件发生概率小、难辨识，影响广、难防御，破坏大、难恢复，传统的可靠性理论无法捕捉，所带来的安全风险往往被高概率低风险事件湮没，国际上对其演化–致灾规律认识不足，现有防御和恢复理论方法不能适用。极端事件防御及恢复已成为保障国家能源安全和经济社会可持续发展的重大需求，形势严峻、任务紧迫。

在自然科学基金委（重点项目 51637008、联合基金项目 U22B20103、面上项目 51577147）等资助下，西安交通大学别朝红教授团队以精准建模和机理发现为突破，构建了从风险辨识、主动防御到快速恢复的电力系统极端事件防御及恢复理论体系。发现了刻画极端事件致灾机理的多维特征参数演化规律，提出高效捕捉小概率事件的子集模拟抽样算法，攻克了风险精准辨识难题。发现了元件故障对随机潮流的影响规律，提出准确识别关键元件的概率排序方法，揭示了电–气联合规划提升主动防御能力的协同互补机理，开辟了多能协同提升电力系统主动防御能力的新领域。建立了多类型分布式资源协调的极端事件快速恢复方法，揭示了微电网中分布式电源主从控制抑制电网拓扑重构产生环流的机理，提出了电网拓扑重构、微电网动态划分和移动应急资源协调的供电恢复方法，实现了负荷的快速恢复。电力系统极端事件防御与恢复的基本思路如图 3–5–1 所示。

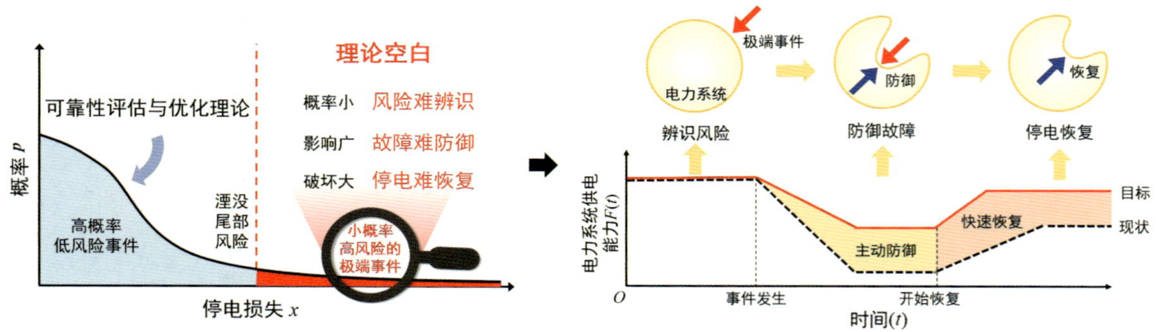

图 3–5–1　电力系统极端事件防御与恢复的基本思路

团队构建了电力系统极端事件防御与恢复的理论体系，填补了理论空白，引领了国际上本领域的理论研究与实践，得到国内外学者高度评价。依托成果制定了 3 项国际标准，开发了国际首套电力系统极端事件防御与恢复决策支持系统，并部署在浙江、粤港澳大湾区等多个电力系统调度中心，成为电力系统预判极端自然灾害风险和应急决策的重要工具。团队也因在相关领域的突出贡献荣获 2023 年度国家自然科学奖二等奖（电力系统极端事件防御及恢复的理论与方法，完成人：别朝红、李更丰、丁涛、邵成成、王锡凡）。

高分子递药系统的设计与临床转化研究

肿瘤靶向递药是面向癌症治疗国家重大需求的研究前沿，但面临成药难的困境，其原因是递药系统临床疗效低或结构过于复杂，难以满足成药要求。传统理论认为肿瘤毛细血管有众多纳米孔隙，递药系统可从孔隙中漏出，进入瘤内富集。但人的肿瘤毛细血管孔隙少，递药系统难以“漏”出并进入瘤内组织（出不来），也难以在瘤内扩散（进不去），导致临床疗效有限；而设计复杂的递药系统体内行为复杂且难以可控生产，致使成药难。构筑能高效渗透肿瘤血管和组织且结构简单又可控的递药系统一直是该领域的关键难题与挑战。

在自然科学基金委（重点项目 51833008、国家重点研发计划重点专项 2021YFA1201200）等资助下，浙江大学申有青教授团队围绕高分子递药机制和高分子精准合成与功能调控，在基础理论、合成方法和临床转化等方面取得了贯通式、原创性的重大成果（图 3-5-2）。在国际上率先发现正电性高分子触发细胞转胞运的现象，揭示了转胞运介导的高分子递药系统“主动血管外渗”和“主动瘤内渗透”新机制，解决了递药系统血管外渗和瘤内渗透难题，建立了基于转胞运作用的肿瘤主动递药（TAEP）新理论，突破了支撑领域近 40 年的传统 EPR 理论窠臼，产生了重大学术影响。通过研究基元反应活性和选择性与树状高分子结构精准性的关系，提出利用热力学/动力学不对称单体对的“正交双点击反应”合成单分散（精准）树状高分子的方法，极大地简化了合成步骤，显著提高了树状高分子的结构精准性和产率，为构筑递药系统提供结构精准的载体。提出了肿瘤靶向递药的“循环–蓄积–渗透–内吞–释

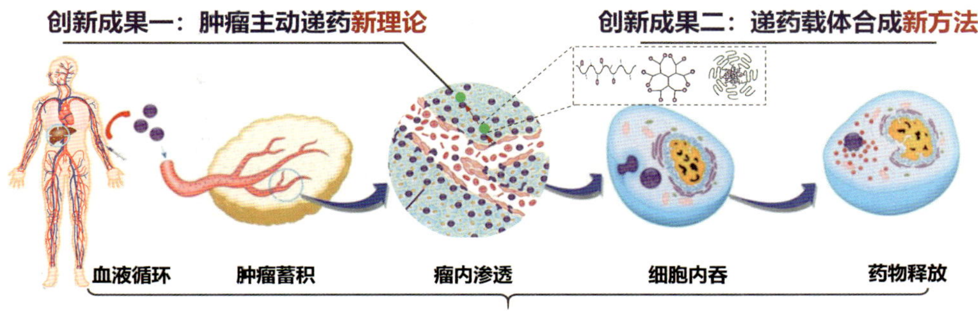

图 3-5-2　研究成果总结

放”（CAPIR）五步级联过程，阐明了各步递药效率与载体电荷、尺寸、稳定性等性质的关系，建立了酸响应电荷反转、“子母弹”式尺寸改变、酶响应失稳等递药系统纳米特性自适应的功能集成调控方法，并利用“多能高分子”简化递药系统结构以提高成药性。据此创制的 3 款递药系统获得中、美 4 件临床试验批件、2 项 FDA 孤儿药认定，已开展Ⅰ、Ⅱ期临床试验，实现了我国创新递药系统的重大应用突破。团队也因在相关领域的突出贡献荣获 2023 年度国家自然科学奖二等奖（高分子递药载体的构筑与功能调控研究，完成人：申有青、顾臻、周珠贤、唐建斌、邵世群）。

高性能多层陶瓷电容器研究

高性能多层陶瓷电容器是电子器件和电能系统中的关键部件。与电池和电化学电容器相比，多层陶瓷电容器因其极高的功率密度（充放电速度快）和长寿命，在高功率脉冲技术中发挥着至关重要的作用。然而，多层陶瓷电容器的储能密度和储能效率相对较低，需要更大的体积以增加储能量，这不仅会增加体积和成本，还可能导致更复杂的布局和连接方式，从而影响设备的整体集成度和运行效率。如何开发具有更高储能密度和储能效率的多层陶瓷电容器，已成为当前亟待解决的主要问题，也是材料科学研究的前沿和热点问题。

在自然科学基金委（基础科学中心项目 52388201、国家杰出青年科学基金项目 52025025、优秀青年科学基金项目 52322212）等资助下，清华大学林元华教授、南策文教授团队与国内外合作者在多层陶瓷电容器研究方面取得了重要进展，相关成果以“Ultrahigh energy-storage in high-entropy ceramic capacitors with polymorphic relaxor phase”为题，于 2024 年 4 月 11 日在线发表在*Science* 上。团队也因在相关领域的突出贡献荣获 2023 年度国家自然科学奖二等奖（铁性材料序参量的调控及器件设计，完成人：林元华、南策文、潘豪、马吉、胡嘉冕）。

团队提出了多态弛豫相结合高熵策略，通过降低畴翻转势垒，有效地降低了滞回损耗，并通过高熵效应的晶格畸变和晶粒细化，显著提升了击穿强度。得益于多态弛豫相和高熵的协同设计，团队提出的 $BaTiO_3$ 基多层陶瓷电容器实现了储能性能的综合提升，获得了 20.8 J/cm^3 的超高储能密度和 97.5% 的超高储能效率（图 3-5-3）。与现有多层陶瓷电容器相比，该 $BaTiO_3$ 基多层陶瓷电容器具有制备工艺简单、综合性能优异等明显优势。

该研究成果中多态弛豫相与高熵的协同策略，对高储能介电材料及器件的发展具有重要的指导意义。*Science* 同期刊发了香港理工大学陈子斌教授针对该工作的观点评述文章，文章指出，“与以单元素、单相、简单结构和长程有序为特征的材料相比，高熵设计为增强材料性能提供了更大的自由度”。在多态弛豫相协同高熵组成与相容的离子半径及平衡价态相结合的原则指导下，该策略普遍适用于设计高性能电介质电容器，可促进能量存储和其他相关功能的材料设计与开发。

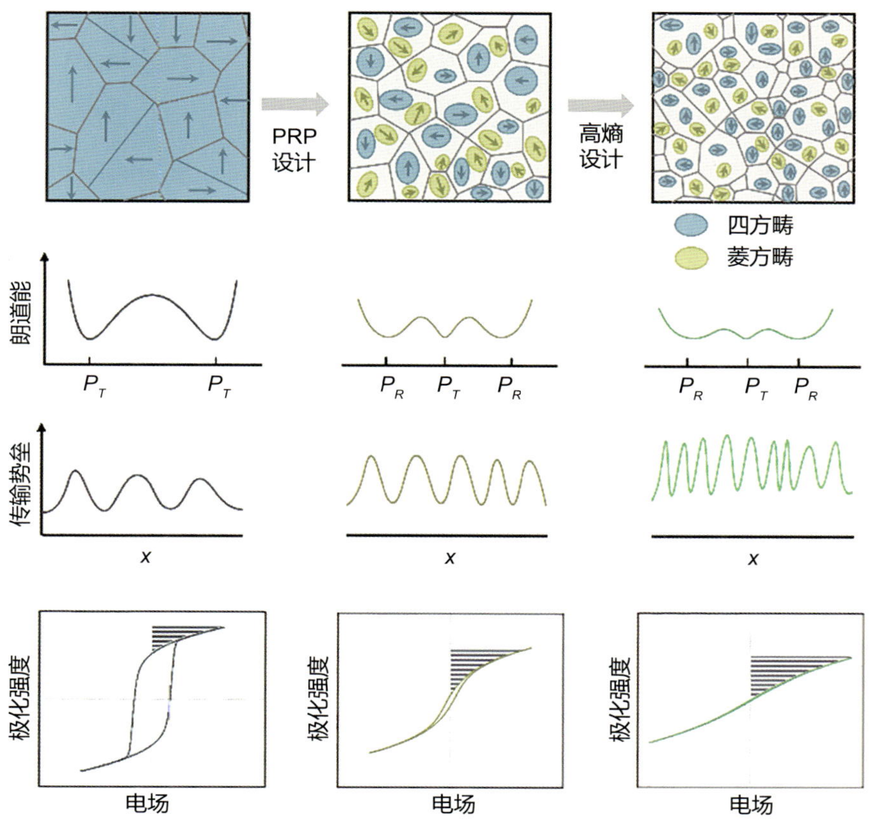

图 3-5-3　基于多态弛豫相的高熵陶瓷电容器的设计策略

集成电路近原子级化学机械抛光理论、技术与装备研究

化学机械抛光（又称化学机械平坦化，CMP）作为集成电路制造的五大关键核心技术之一，是利用化学和机械的动态耦合作用将晶圆平坦化并保证光刻等工艺正常进行的最有效技术，可支撑摩尔定律持续缩小至 3 nm 及以下技术节点。CMP 机理复杂，其关键技术与装备被国外长期垄断，并在 14 nm 及以下节点对我国实施禁运，严重制约了我国集成电路制造技术的自主可控。面向国家集成电路重大战略需求，在自然科学基金委（国家杰出青年科学基金项目 50825501、重大研究计划项目 91323302、重大项目 51991370）等资助下，清华大学路新春教授团队深入开展了集成电路近原子级抛光基础研究，在抛光机理与装备方面取得重要进展。

团队针对晶圆抛光所面临的超光滑、高平整、低缺陷的技术目标，开展了系列原创研究，构建了化学机械抛光摩擦化学反应过程分子动力学模型，从原子尺度揭示了材料去除的两种核心机制（图 3-5-4）；提出了抛光过程流场运动规律与晶圆全局压力调控机制，解决了流体动压与外部压力耦合影响下各分区抛光压力协同控制难题，实现了片内抛光均匀性 > 98%；构建了晶圆旋转状态下的表面气流分布模型以及有机蒸汽作用下的竖直干燥液膜剥离理论模型，分析了表/界面交互作用下马兰戈尼效应驱动的水膜剥离动力学行为，实现了 12 in（英寸，1 in ≈ 25.4 mm）晶圆表面 26 nm 以上颗粒残留 < 30 颗；提出了亚纳米膜厚测量技术与“归一化”摩擦力终点检测技术，实现了全局膜厚实时测量与调控；发明了“多重并行”模块化柔性布局整机架构（图 3-5-5），显著提高了抛光质量、效率和工艺适用性；构建了融合平坦化物理模型和数据驱动模型的智能化抛光控制理论体系，实现了先进工艺节点下纳米级膜厚的在线实时监测和动态形貌调控。这一系列研究为集成电路大生产线晶圆近原子级化学机械抛光提供了坚实的理论与技术支撑。成果突破了国外专利壁垒，为我国芯片制造提供了全系列 CMP 装备，这些装备在大生产线应用 600 余台（套），国内市占率从零突破至 50% 以上，对我国高端芯片制造自主可控起到重要支撑作用。团队也因在相关领域的突出贡献荣获 2023 年度国家技术发明奖一等奖（集成电路化学机械抛光关键技术与装备，完成人：路新春、雒建斌、王同庆、赵德文、何永勇、刘宇宏）。

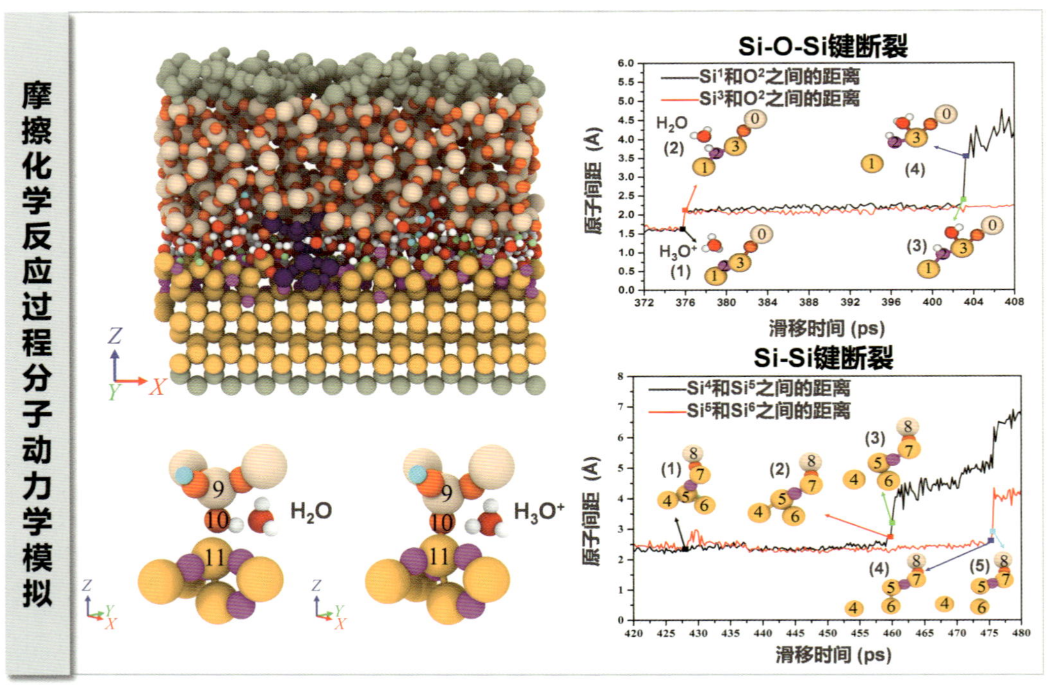

图 3-5-4　晶圆平坦化过程原子级材料去除机理研究

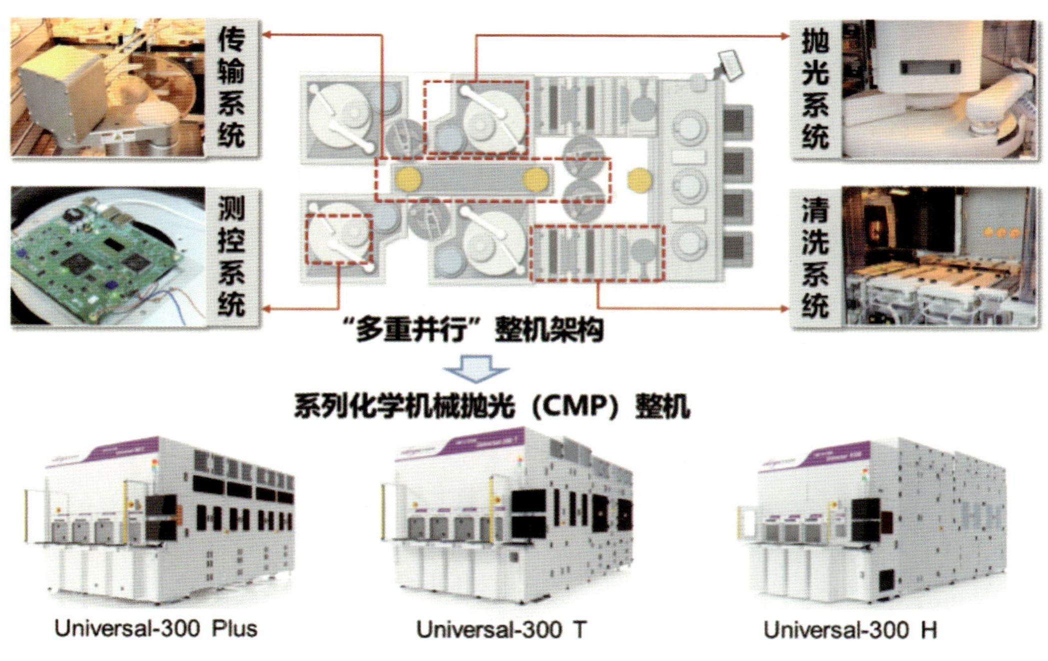

图 3-5-5　采用“多重并行”整机架构开发了系列 CMP 装备

煤 / 生物质燃烧过程 PM2.5 生成与调控

煤是我国最主要的一次能源，生物质是重要的碳中性燃料。煤/生物质燃烧排放的细颗粒物（PM2.5）及其富集的有毒重金属元素是大气雾霾、癌症发生、人群早死的重要原因，其生成与调控理论是环境健康评价、环保法规制定及控制技术开发的科学基础。自 20 世纪 70 年代以来，燃烧颗粒物的生成与控制一直是能源领域科学研究的热点。随着环保法规日趋严格，PM2.5 的污染控制成为国内关注的焦点。

在自然科学基金委［国家杰出青年科学基金项目 50325621，创新研究群体项目 50721005，重点国际（地区）合作研究项目 50720145604、51520105008］等二十余年的持续资助下，华中科技大学徐明厚教授团队系统深入地开展了煤/生物质燃烧过程中PM2.5 的生成与调控研究，主要科学发现包括：①创建了基于特征化学组成－粒径分布的颗粒物模态识别方法，发现了PM2.5 新的生成模态并揭示了其生成机理，建立了完整的PM2.5 生成理论（图 3-5-6）；②构建了全尺寸/全过程颗粒物生成预测模型，实现了颗粒物生成的准确刻画和预测；③创立了基于矿物表面化学反应和液相物理捕集共同作用减少细颗粒物生成的定向调控方法（图 3-5-7），实现了PM2.5 源头控制。项目成果在大型燃煤发电机组示范应用，实现了颗粒物和有毒痕量元素的高效联合脱除，在推动工程热物理学科的发展和满足国家清洁能源发展的需求中发挥了重要作用。团队也因在相关领域的突出贡献荣获 2023 年度国家自然科学奖二等奖（煤/生物质燃烧过程PM2.5 生成与调控，完成人：徐明厚、姚洪、于敦喜、刘小伟、盛昌栋）。

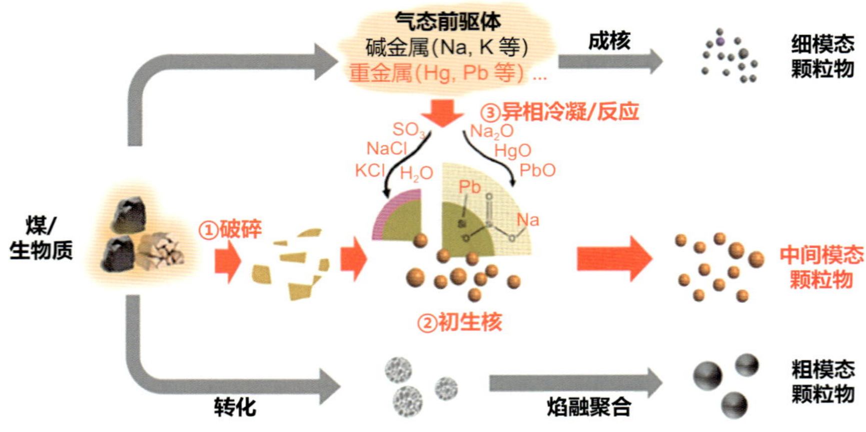

图 3-5-6　PM2.5 生成机理

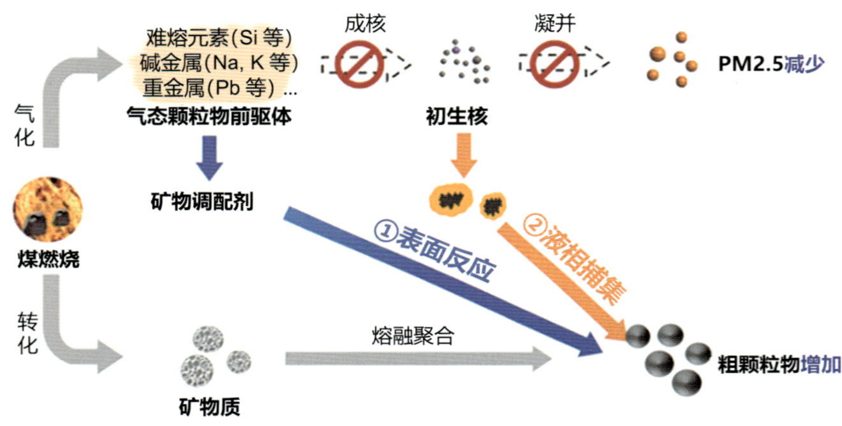

图 3-5-7　PM2.5 生成调控方法

永磁电涡流阻尼减振缓冲耗能新技术研究

减振缓冲耗能技术是保障大型工程结构和重型装备在常遇振动、地震、冲击等动力作用下安全长寿的共性关键技术。工程结构与装备对减振技术要求极为苛刻：如江阴大桥服役 10 年主梁纵向阻尼器累计行程超 250 km、强震下地震荷载超 1 万吨；某重型火炮后坐瞬时加速度达 350g 等。液压油阻尼技术依赖摩擦耗能，承受超长服役时间、超强动力时阻尼器必然磨损漏油失效，无法满足减振缓冲和服役寿命的要求。电涡流阻尼不依赖摩擦、不需要密封，但受到耗能密度低、高速工作时性能退化的制约，百年来一直无法用于工程结构减振。

在自然科学基金委（重点项目 50738002）等资助下，湖南大学陈政清教授和华旭刚教授团队突破了传统电涡流阻尼耗能密度低、高速性能退化等重大技术瓶颈，建立了基于最短磁路原理和强非线性本构精确模型的电涡流阻尼基础理论与实验平台，发明了永磁电涡流阻尼调谐质量减振技术、大吨位永磁电涡流阻尼直接减振技术和永磁电涡流阻尼外置式缓冲器和火炮同轴制退技术，形成了具有显著特色和自主知识产权的永磁电涡流阻尼减振缓冲耗能成套技术。该成果实现了产业化，推广应用于土木、电力、工程机械等多个行业的 120 余项大型工程，遍及全国 26 个省份及摩洛哥、马来西亚等国，社会经济效益显著，应用前景广阔。如江阴长江大桥的大吨位永磁电涡流阻尼器（图 3-5-8）、摩洛哥太阳能光热电塔的永磁电涡流调谐质量阻尼器（图 3-5-9）都应用了该技术。

该研究从根本上改变了电涡流阻尼难以用于大型结构减振的状态，为多领域减振提供了一种全新的通用长寿高效的阻尼技术，在国际上引领了电涡流阻尼减振缓冲研究。团队也因在相关领域的突出贡献荣获 2023 年度国家技术发明奖一等奖（永磁电涡流阻尼减振缓冲耗能新技术研发与应用，完成人：陈政清、华旭刚、杨国来、何旭辉、陈谨林、周帅）。

图 3-5-8　江阴长江大桥的大吨位永磁电涡流阻尼器

图 3-5-9　摩洛哥太阳能光热电塔的永磁电涡流调谐质量阻尼器

六、信息科学部

适用于可穿戴集成电路的三维液体二极管

基于柔性智能感知技术的可穿戴电子设备在生物医疗、健康、传感等诸多领域应用广泛。然而，现有可穿戴电子设备在透气性与集成度方面尚不令人满意。有限的透气、透汗性导致汗液累积，不仅造成用户热生理不适，更会破坏器件－皮肤界面，严重降低柔性传感器的检测精度。因此，如何实现高透气性、高集成度的可穿戴电子设备是柔性智能感知领域亟须攻克的难题。

在自然科学基金委（优秀青年科学基金项目 62122002）资助下，香港城市大学于欣格教授团队开展了高透气性、高集成度的可穿戴电子设备的研究。团队聚焦高透气性与高集成度难以兼顾、高集成的柔性衬底研究匮乏等问题，提出了一种在三维尺度上驱动液体进行自发、定向输运的结构，称为三维液体二极管（图 3-6-1）。该结构通过对纤维表面进行区域性超疏水处理，形成各向异性的梯度疏水界面，实现汗液从皮肤到器件的快速输运。同时，基于亲水微柱的梯度排布方式构建水平方向梯度亲水结构，实现了器件内部的迅速导汗。通过面内、面外排汗结构的有序集成，三维液体二极管的液体传输速率超过人体正常排汗速率的 4 000 倍。同时，其作为一种通用的透气、透汗衬底材料，可以通过传统加工工艺与高性能柔性电路直接集成，从而制备出兼具高透气性与高集成度的可穿戴电子设备。基于该技术，团队开发了一套高透气、透汗的柔性集成电子设备，实现了日常活动和运动状态下长达七天的连续、精准心电检测。此外，他们还将该技术应用于织物集成电子中，设计出一种用于多功能无线环境监测的电子织物（图 3-6-2）。

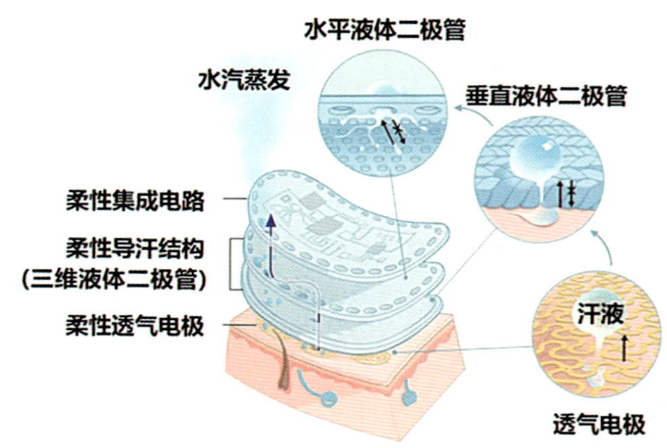

图 3-6-1　用于液体快速输运的三维液体二极管

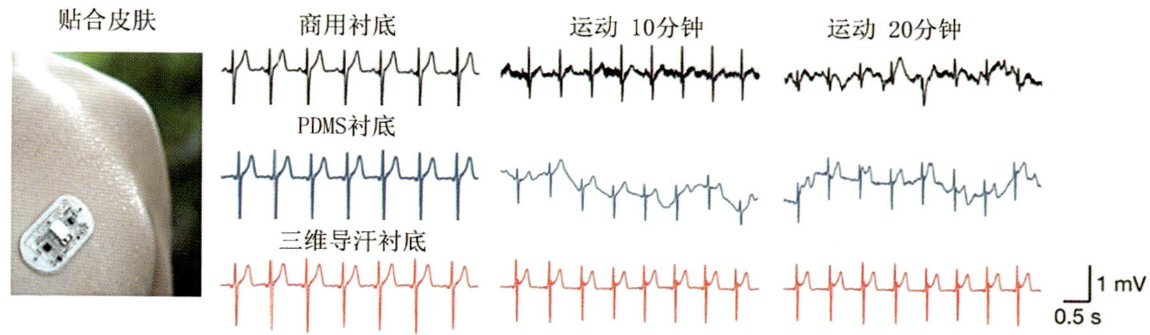

图 3-6-2　导汗结构显著提升柔性传感器在心电信号监测中的湿度稳定性及精确性

该成果以“A three-dimensional liquid diode for soft, integrated permeable electronics”为题，于 2024 年 3 月 27 日在线发表在*Nature*上。该研究解决了柔性智能感知技术中可穿戴电子设备的力学、电学等高性能与其透气性因集成工艺有限而不能兼顾的瓶颈性问题，有望构建医疗级可穿戴设备，实现人体生理信号的长期连续监测，在慢性病管理、早期疾病诊断、个性化医疗以及临床研究等领域具有重要应用前景。相关工作得到了同行的高度评价以及追踪研究。

云计算系统的低时延关键技术

随着CPU（中央处理器）虚拟化技术的成熟和弹性计算技术的突破，自 2010 年起，全球范围的计算模式均开始向云计算转型，云数据中心承载的业务和用户从十万/百万级极速增长到千万/亿级，业务和用户的急剧增长对扩大系统规模提出了更为迫切的需求。然而，现有技术的储备难以有效组织如此巨大计算资源（单个云中心的服务器数量从数千台膨胀到数十万台）并发挥其作用，最核心的难题是云计算系统的时延问题。降低云计算系统时延主要有三条共识途径：一是采用更快的硬件加快处理速度，二是消除（或减少）云系统软件栈的冗余时延，三是减少应用部署到多个云节点时引起的协作时延。对三条途径的深度挖掘和有机融合，是当前学界在该领域的重点问题和前沿问题。

在自然科学基金委（国家杰出青年科学基金项目 61525204、重点项目 61732010）资助下，上海交通大学管海兵教授团队以云计算系统的低时延为目标，取得了一批技术突破，形成了云计算系统的低时延关键技术研究体系（图 3-6-3），将时延从百毫秒级降低到十毫秒级。针对硬件时延，团队提出了资源授权与资源使用解耦机制、GPU（图形处理单元）虚拟机和SGX（软件防护扩展）虚拟机热迁移技术以及 4 类 7 种异构新型硬件的虚拟化技术，解决了一批新型异构硬件在云计算系统中“用不好”“用不了”的问题。GPU 虚拟化、NVMe 虚拟化等被 Linux 内核采用，为 Linux 首次提供了 GPU 等硬件的虚拟化功能；团队针对节点时延，提出了跨层次虚拟化架构、授权与认证分离的虚拟机协作技术，以及并发启动与按需同步的虚拟机扩容技术，减少软件栈的纵向时延、横向时延一到两个数量级；针对系统时延，提出了特征驱动的差异化数据划分和存储技术、低时延虚拟 RDMA 资源池、基于输出一致性的虚拟机热备技术等，使应用平均时延降低 58%，长尾时延降低 90%；研制的低时延双虚拟机热备软件被 Linux 内核采用，是全球唯一开源的双虚拟机热备技术。

相关成果获得了 2023 年度国家技术发明奖二等奖，并集成进入 Xen、KVM、Linux、OpenEuler 等开源软件发行版，为这些软件补充了新功能，间接应用在全球所有采用这些开源软件的云企业中。

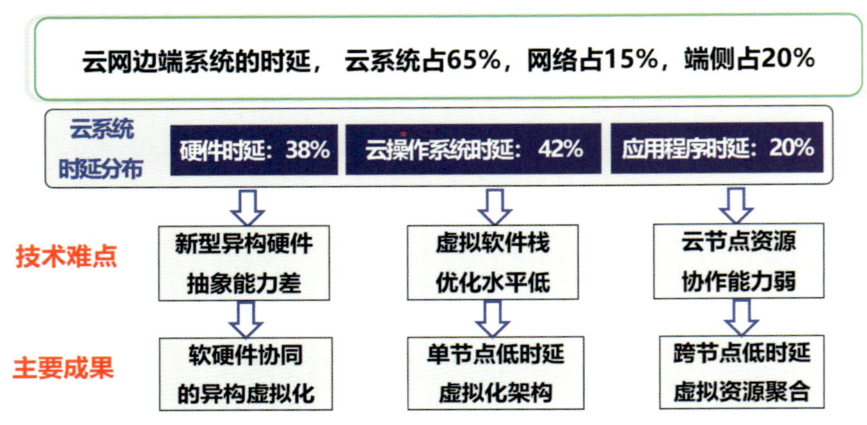

图 3-6-3　云计算系统的低时延关键技术研究体系

多元协同的视觉计算理论与方法

当前以图像和视频为主的视觉数据占据互联网流量的 90% 以上。视觉计算旨在对海量视觉数据进行智能分析，提取物体、场景、运动、交互等重要信息，是人工智能领域的重要研究问题，也是网络内容安全等国家战略应用的重大需求。视觉计算具有多元复杂特性，具体体现在：数据层采集视角变化多样、特征层多种表示交织耦合、语义层多类目标关联共生。图灵奖得主杨立昆（Y. LeCun）在署名文章中指出，“多元信息的解耦与学习是理解感知数据的根本挑战”。因此，如何针对数据层、特征层、语义层的多元特性，发现视觉数据的耦合模式，突破多元耦合信息的建模限制，建立多元协同的视觉计算理论与方法，是长期困扰学界的难题。

在自然科学基金委（优秀青年科学基金项目 61622204，面上项目 61572134、60873178）等资助下，复旦大学姜育刚教授团队对视觉计算在数据层、特征层、语义层的复杂多元特性进行深入挖掘，提出了基于约束学习的协同建模创新思路，形成了多元协同的视觉计算理论体系（图 3-6-4），解决了传统方法难以有效应对复杂视觉数据的难题。

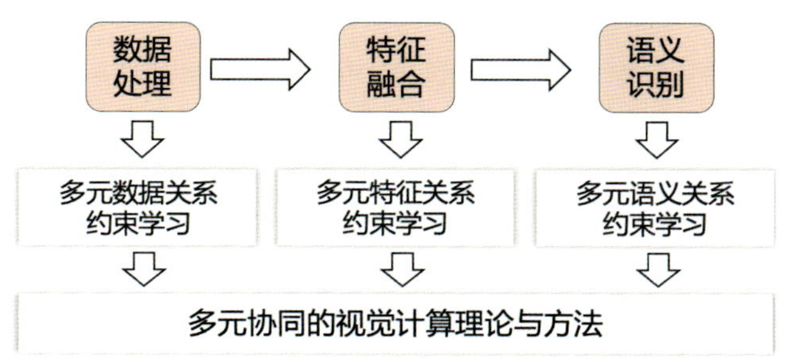

图 3-6-4　多元协同的视觉计算理论与方法框架

相关成果显著提升了视觉计算性能，得到了国内外学者的广泛认可和大量跟踪研究，并获得 2023 年度国家自然科学奖二等奖。大量他引文章明确给予该成果具有“开创性”（pioneering），是“最好的”（the best）、“最先进的”（state-of-the-art）等评价。

基于上述理论成果，团队研制的系统多次服务国家重大需求。团队与美国哥伦比亚大学、谷歌公司、法国国家信息与自动化研究所（INRIA）等团队联合构建的数据集如THUMOS、FCVID 被国内外学者及企业广泛采用。

单细胞多组学数据马赛克整合技术

单细胞测序技术是近年来生命科学领域的突破性技术，能够检测单个细胞内的多种遗传信息与功能分子（如RNA、蛋白质、染色质可及性等），从而揭示细胞在不同分子层面的异质性及组学关联，有助于深入理解细胞功能，探索生命发育和疾病发生等机制。然而，随着测序技术的发展和测序数据的增长，不同组学组合、不同测序技术、不同测序样本的“马赛克”式单细胞数据的整合成为巨大的挑战。

在自然科学基金委（青年科学基金项目 62303488）等资助下，军事科学院军事医学研究院应晓敏教授团队和何晓晨教授团队开展单细胞多组学数据马赛克整合及知识迁移的研究，提出了基于生成式人工智能的新方法MIDAS（图 3-6-5）。MIDAS假设每个细胞的多模态观测值是通过深度神经网络利用两个与模态无关且解耦的隐变量（即代表细胞异质性的生物状态及由单细胞实验引起的技术噪声）生成的，其输入由不同单细胞样本（批次）的表达矩阵和批次编号向量组成。这些批次可能来自不同实验或不同测序技术（例如CITE-seq和ASAP-seq），存在不同的技术噪声、模态组合和观测特征。MIDAS的输出包括生物状态和技术噪声两种低维表示的矩阵，以及补全缺失模态和特征并消除批次效应的表达矩阵，可用于聚类、细胞分型、轨迹推断等下游分析。UMAP（uniform manifold approximation and projection，统一流形近似与投影）可视化及定量评估结果表明MIDAS消除了批次效应，保留了生物信号，在多种马赛克任务中表现稳定，显著优于国际同类算法（图3-6-6）。此外，MIDAS可高效灵活地将参考数据集中的知识迁移到查询数据集中，从而方便处理新的单细胞多组学数据；此外，基于MIDAS降维后的隐变量也可以对模态缺失的马赛克数据进行拟时序分析。在跨组织知识迁移中，MIDAS在对齐异构数据集、识别已知细胞类型、发现未知细胞类型等方面表现出优秀性能。

相关成果以“Mosaic integration and knowledge transfer of single-cell multimodal data with MIDAS”为题，于2024年1月23日发表在*Nature Biotechnology*上。该研究对于揭示细胞的功能和分子调控机制、研究疾病的发生发展过程具有重要意义，预期为疾病诊断与精准治疗等提供有力的技术支撑。

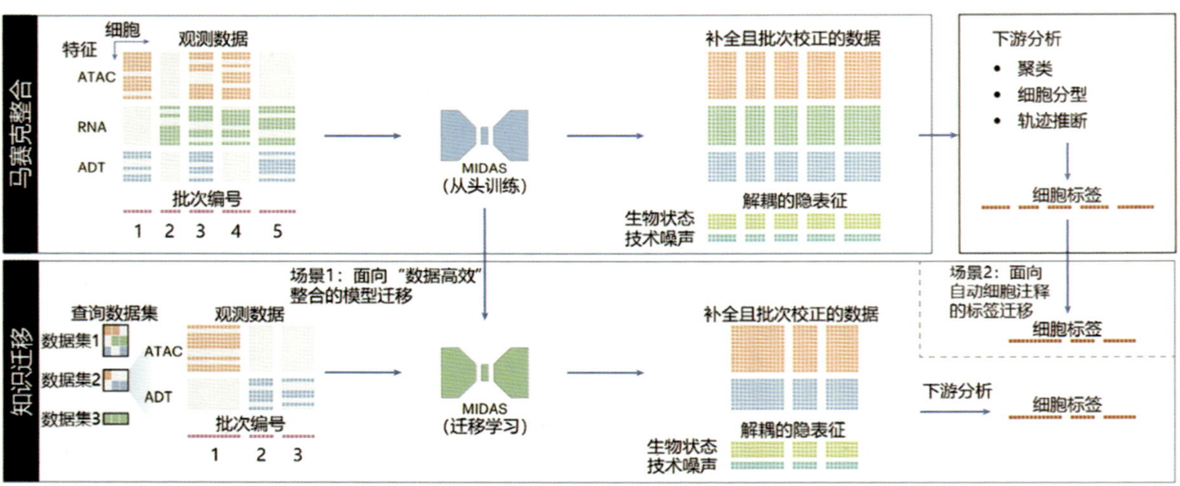

图3-6-5 MIDAS的功能概览

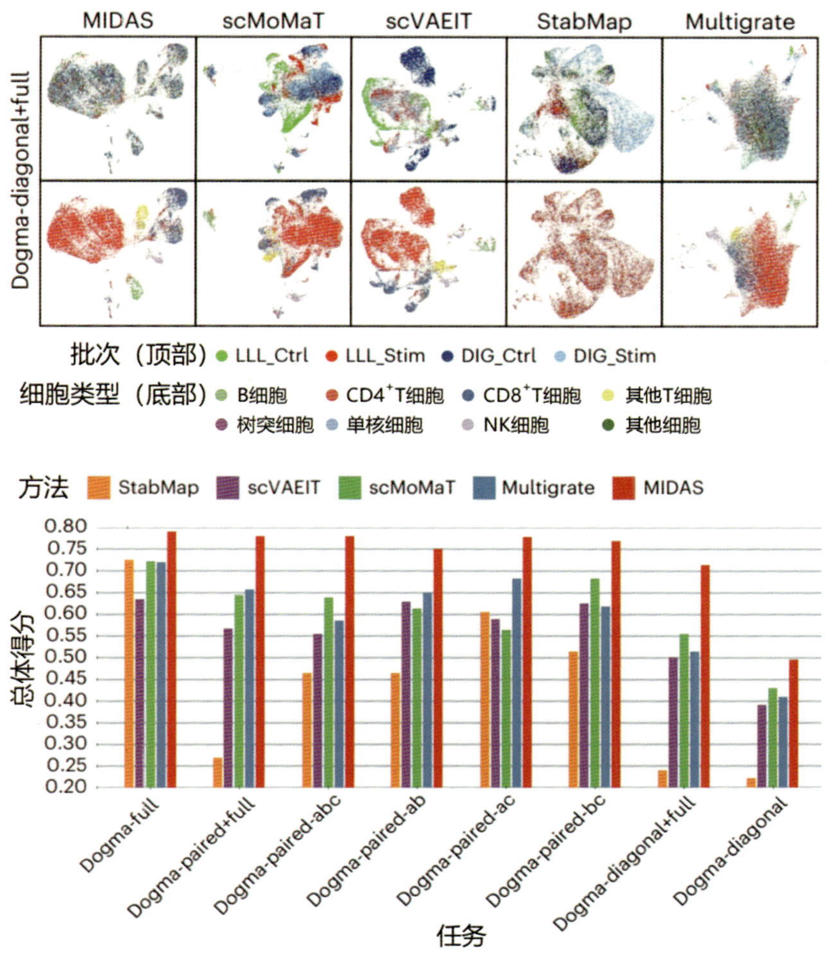

图 3-6-6　MIDAS 的性能评估

片上光学研究

新域新质探测趋向智能化、轻量化发展，亟需多维度、轻小型光学成像技术。现有多维成像技术大多由分立组件构成复杂系统，严重受限于载重、算力、带宽等资源瓶颈。受光电转换机理限制，多维成像器件研究面临探测维度单一、信息通量受限、成像精度低下三大难题，成为国际前沿研究热点和难点。欧美各国正竞相抢占多维成像器件研发先机，并对我国严密封锁。我国亟须开展自主研制，抢占技术制高点，实现变道超车。

在自然科学基金委（国家重大科研仪器研制项目 61827901、基础科学中心项目 62088101、优秀青年科学基金项目 62322502、面上项目 61971045）资助下，北京理工大学张军教授、边丽蘅教授团队在片上光学研究方向取得了重要进展，建立了片上光子复用理论（图 3-6-7），提出了片上异化调控、宽带复用传感、联合优化计算系列方法，颠覆了传统几何分光、窄带测量、物理输出模式，解决了光电器件探测维度单一、海量数据信息通量受限、复杂环境成像精度低下等瓶颈难题；突破了片上调控阵列套刻制备、多维成像器件精密集成、全国产计算芯片优化设计等关键技术，成功研制出世界首款仅重数十克的百通道百万像素实时高光谱成像器件，工作波段覆盖可见光和近红外超宽波段，具有国际领先的空-时-谱分辨率，光能利用率由典型的不足 25% 跨越提升至 74.8%，创造世界纪录，拥有完全自主知识产权。基于此核心器件，研制了 6 型高光谱多维融合感知设备（图 3-6-8），在国家雪亮工程、国家新一代遥感重大工程、国家智慧交通工程等多项国家重大工程中得到应用。该成果开辟了片上光学研究新领域，在卫星遥感、深空探测、新质装备等诸多领域获得重大应用，为下一代智能传感器发展提供了新方法，推动了集成电路、电子信息、计算机、物理、材料等多学科的交叉融合发展，能够有力支撑我国智能装备研制变轨超越。

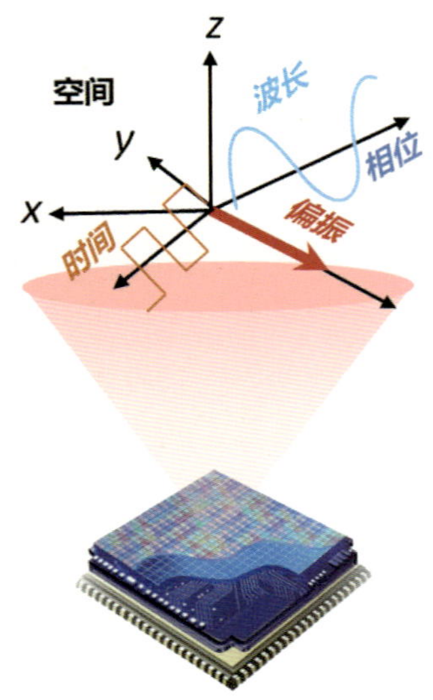

图 3-6-7　光子复用理论示意

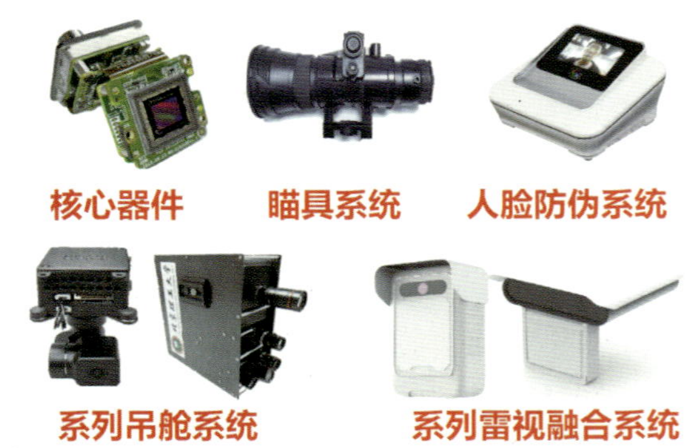

图 3-6-8　片上高光谱成像器件与系列化多维融合探测系统

相关成果以“A broadband hyperspectral image sensor with high spatio-temporal resolution”为题，于 2024 年 11 月 7 日发表在*Nature*上。

面向批量生产的钽酸锂集成光子芯片研究

在“后摩尔时代”，集成电路芯片的性能提升受物理极限制约，以硅光技术和薄膜铌酸锂光子技术为代表的集成光电技术是突破瓶颈的颠覆性技术。铌酸锂因其优异的光电转换特性受到了广泛关注。然而，铌酸锂较高的制备成本、大双折射和光折变效应成为高性能铌酸锂芯片迈向产业化的关键挑战。

在自然科学基金委（重大项目 62293521）等资助下，中国科学院上海微系统研究所欧欣研究员团队在硅光和铌酸锂两种技术中另辟蹊径，推出一种具备优异光电特性且可用于大规模制造的钽酸锂集成光子技术，从晶圆制造、微纳加工和芯片性能验证三个方面完成了钽酸锂集成光子技术的构建（图 3-6-9）。主要创新成果如下。

（1）采用自主研发的“万能离子刀”异质集成技术，首次制备光学级硅基钽酸锂单晶薄膜异质晶圆［图 3-6-10（a）］。该制备方案与绝缘体上硅（SOI）平台更加接近，并面向 5G 射频产业应用，因此钽酸锂薄膜具有低成本和规模化制造的关键优势。

（2）团队首次开发晶圆级钽酸锂光子器件微纳加工方法［图 3-6-10（b）］，对应器件具有超低的光学损耗（低至 5.6 dB/m），该值低于其他团队报道的晶圆级铌酸锂芯片的最低损耗值。

（3）探索了钽酸锂作为电光调制平台的潜力，同时结合钽酸锂材料内更弱的双折射、光折变效应和可抑制的拉曼散射，验证了整个通信波段无模式交叉的微腔器件，并开创了在X 切型电光平台中产生芯片级孤子光学频率梳的新路径［图 3-6-10（c）、图 3-6-10（d）］。

图 3-6-9　钽酸锂异质集成晶圆及高性能光电芯片示意

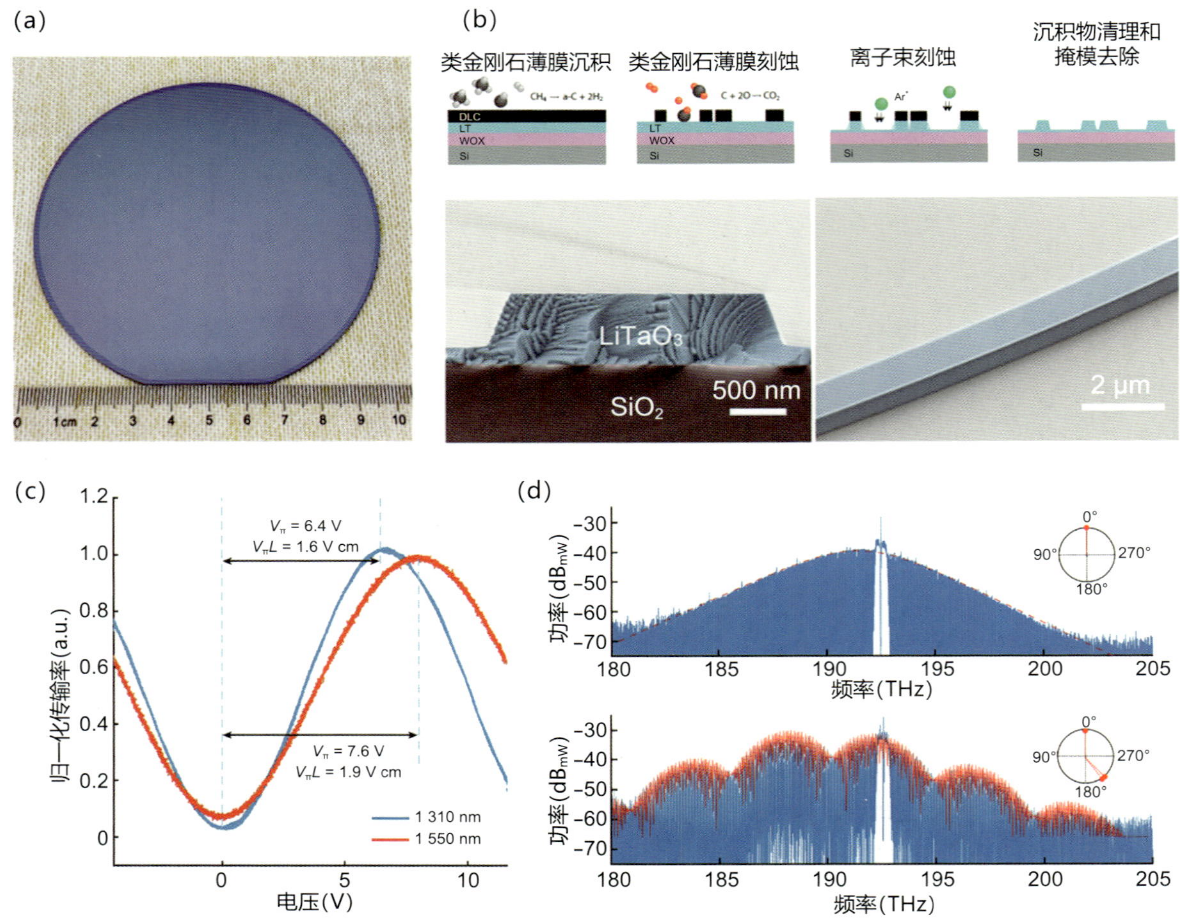

注：（a）光学级硅基钽酸锂单晶薄膜异质晶圆；（b）晶圆级钽酸锂流片工艺；（c）钽酸锂高性能电光调制器；（d）孤子光频梳产生。

图 3-6-10　主要创新成果

相关成果以“Lithium tantalate photonic integrated circuits for volume manufacturing”为题，于 2024 年 5 月 8 日发表在*Nature*上。同期，*Nature*以“Research Briefing”（研究简报）的形式对该工作进行了专题报道。该成果挖掘了新型钽酸锂薄膜的极低光学损耗、高效电光转换和孤子频率梳产生等特性，有望为突破通信领域速度、功耗、频率和带宽四大瓶颈问题提供解决方案，并在低温量子、光计算、光通信等领域催生革命性技术。

七、管理科学部

高维张量的核范数计算及其应用

大数据作为国家战略的基础性资源，已成为推动经济社会发展的关键动力。党中央、国务院高度重视大数据产业的发展，并积极推动国家大数据战略的实施。为充分发掘和释放大数据资源的潜在价值，迫切需要构建更加强大的决策工具和理论方法，将多维的大数据转化为有效信息，并对其进行有效的处理和利用。高维张量（又被称作高维数组）的分解及优化是近年发展出来的能够有效处理高维数据的理论工具，实现高维张量的分解及优化的关键之一是有效地计算张量的核范数。因此，研究高维张量核范数的计算问题对于挖掘大数据资源的应用价值、促进我国大数据产业的创新增值以及提升我国管理决策质量具有重要意义。

在自然科学基金委（国家杰出青年科学基金项目 71825003、重大项目 72394360）等资助下，上海交通大学何斯迈教授、上海财经大学江波教授等对高阶张量p−模核范数的近似问题开展了研究，取得了以下研究成果。

（1）利用鲁棒优化和二阶锥规划等理论工具，首次对矩阵（即二维张量）p−模核范数的计算问题提出了一个具有理论保障常数近似比的多项式时间算法。此结果为矩阵p−模核范数模型的应用打通了关键路径。

（2）设计了不同规模和覆盖率的“碰撞集合”以实现l_p球面近似覆盖。这些覆盖方式能够有效平衡球面近似所需的点的数量和近似产生的误差，为张量p−模核范数算法设计中算法效率与精确度的平衡提供了依据。

（3）利用上述结果，对高维张量的p−模核范数的计算问题提出了多个近似的确定性算法和一个随机算法，并证明了随机算法所具有的近似比与相应的对偶范数（即p−模谱范数）所具有的最好近似比一致。

上述研究成果以“l_p sphere covering and approximating nuclear p−norm”为题，于 2024 年 12 月在线发表在*Mathematics of Operations Research*上。

该研究推动了高维张量分解及优化的理论发展，并有望应用到相关领域。球面近似覆盖的思想和方法可以应用到带有其他集合约束（如高维盒约束、非负球面约束）的优化问题上，在图论、神经网络、非凸矩阵分解等问题中有广泛的应用。特别是p取无穷大时对应的无穷范数球$\{-1,\ +1\}^n$，是整数规划中最为普遍的整数约束集合。张量核范数优化与张量分解密切相关，高效的球面覆盖方法为张量分解算法设计提供了新的思路和依据。另外，基于计算张量核范数的近似算法，还可进一步研究张量核范数最小化问题的有效算法，并将这些算法用于解决收益管理、机器学习的相关问题中。

预测市场的价格可解释性

预测市场，又称信息市场，是一种通过交易合约来反映公众对未来不确定事件预期结果的市场机制。这一市场机制具备信息整合能力强和预测结果准确性高等特点，在众多领域具有广泛的应用场景。例如，在房地产市场中，大众对房价的预期可为政府制定宏观调控政策提供参考依据；在农业领域，天气预测市场能帮助农民提前应对和规避极端天气带来的风险，有效保障农作物的产量。交易价格在预测市场中发挥着至关重要的作用，它是信息传递和共享的关键媒介。研究市场价格的演化规律及其最终收敛价格的形成机制，对提升预测市场在各种应用场景中的效果与可信度具有重要意义。

在自然科学基金委（面上项目 71971132、专项项目 72150002）等资助下，上海财经大学高建军副教授、香港中文大学（深圳）王子卓教授、福州大学吴伟平副教授与兴业银行于典博士合作，针对预测市场价格的解释性和收敛性问题开展研究，取得如下研究成果。

（1）对预测市场的有效性及价格动态演化规律等基本特性进行系统的探讨，并在一般性预测市场中提出了一种新颖的基于多元效用的价格形成机制。该机制将对数市场评分规则（LMSR）等现有的几种自动化做市机制整合到一个统一的框架中。

（2）基于多元效用机制，在一个由有限数量且具有异质信念的风险厌恶交易者和一个做市商构成的一般性预测市场中，建立了交易者和做市商重复互动下预测市场价格的收敛结果；并证明了交易者的财富过程将收敛到某一极限财富分配状态，且这一极限财富分配符合由所有市场参与者效用定义的帕累托有效边界。这为解读预测市场价格提供了新的视角。

（3）在指数效用函数和基于风险测度等多种不同市场模型下，通过收敛价格的解析和数值结果，揭示了不同市场模型对收敛价格的影响。

相关成果以“Price interpretability of prediction markets: A convergence analysis”为题，于 2024 年 6 月 10 日在线发表在 *Operations Research* 上。

该研究为预测市场的设计者调整做市机制提供了有效参考，从而帮助提高了市场信息的搜集效率，对我国提升宏观政策调控效果、促进农业发展、维护金融市场稳定等具有重要的指导意义。

人机协作在复杂信息处理中的增值效应研究

随着数据量的急剧增长和人工智能（AI）技术进步，人类与先进算法间的协作日益紧密。然而，这种协作也带来管理信息规模扩大等一系列挑战。尽管AI在信息处理方面相比人类决策者更具优势，但人机协作价值及其潜在机制仍需深入探究。已有研究致力于揭开机器学习算法“黑箱”，以减少人机间抵触情绪并提高效率，但该领域研究成果仍亟待完善。

在自然科学基金委（面上项目 72272003）等支持下，北京大学张颖婕副教授及其海外合作者在人机协同管理领域取得了重要进展。相关成果以“1+1>2? Information, humans, and machines”为题，于 2024 年 5 月发表在*Information Systems Research*上。该研究通过探讨信息复杂性和算法解释共同作用的影响，系统地解析人机协作价值及其驱动因素。

团队与线上借贷平台合作，设计两阶段实地实验并进行实证分析（图 3-7-1）。根据不同信息复杂度、人机协作参与程度及算法解释可用性，设置多种实验条件。团队发现，在信息量较小情况下，仅依靠算法解释，人类决策者难以为最终协作结果增添额外价值；而当大量信息与算法解释相结合时，相较于单独由算法作出决策，人类决策者的参与显著提升了决策效果，并有效降低了违约率。进一步的机制分析表明，大量信息与算法解释的结合能够激发人类主动反思能力，缩小性别差距并提高预测准确性。特别是人类决策者能够自发地将新特征与被忽视但可能纠正算法错误的特征相联系，该能力不仅强调了人机协作的重要性，也为相关系统的优化设计提供了新视角。

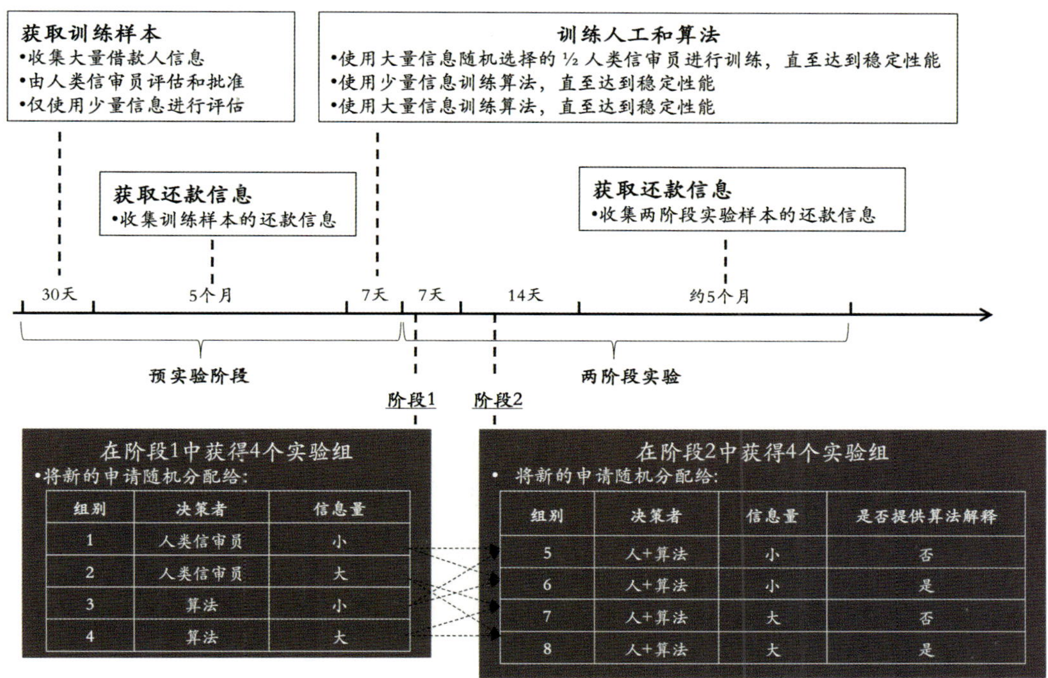

图 3-7-1　两阶段人机协同实验设计

尽管大量的信息可获得性会吸引人类决策者注意力，但并不保证他们能有效辅助算法工作。为引导人类积极反思复杂信息并应对不确定性，额外的提示显得尤为重要，这有助于实现更优的决策结果。在信息成本、AI训练成本及人力资源成本持续上升的背景下，该研究不仅超越了对人机协作效果的表面量化分析，还深入探讨了实现人机协作价值的具体条件和机制，使得研究结论具备广泛的实践应用潜力。

基于分割法的计量分析

在自然科学基金委（青年科学基金项目 72203122）资助下，清华大学冯颖杰副教授与普林斯顿大学马蒂亚斯·卡塔内奥（Matias Cattaneo）教授等海外学者合作，对经济学研究中基于分割法的计量分析工具开展原创性研究，成果以“On Binscatter”为题，于 2024 年 5 月正式发表在经济学五大顶级期刊之一*American Economic Review*上。

随着数据规模的不断扩大，传统散点图在可视化双变量关系时，散点过于密集，难以揭示数据的潜在关系，且随着隐私保护要求的提高，直接展示原始数据的做法常常不被允许。为应对这些挑战，基于分割法的计量分析工具Binscatter（分箱散点图）在经济学实证研究中得到越来越广泛的应用。该方法将自变量取值范围分割为多个区间并计算每个区间内因变量的样本均值，从而更清晰、可视化地展现双变量间的关系。然而，Binscatter在应用中存在一些重要问题，特别是在协变量调整和不确定性量化方面，可能导致误导性的结论。因此，该研究建立了一个规范的计量模型框架，修正、拓展了现有的Binscatter方法，并研究了Binscatter估计量的统计性质，为实证研究者提供了理论与应用指导。该研究的主要贡献与创新点如下。

（1）提供了一个完整的Binscatter工具集，可实现基于最优分割的条件均值估计、方差可视化、不确定性量化以及模型设定与函数性状检验等，从而帮助研究者更深入地分析数据特征。

（2）通过理论分析指出了现有Binscatter方法在协变量调整中存在的一个可能导致错误结论的潜在问题，并提出了相应的修正办法。

（3）大大放宽了此前相关文献中对平滑参数的限制，并将Binscatter方法中“分箱”的随机性纳入考量，从而为Binscatter方法提供了严谨的理论基础。

（4）为实证研究者开发了Python、R和 Stata平台上的统计软件包，以便将研究成果更好地应用于实践。

头脑账户与投资决策

在自然科学基金委（优秀青年科学基金项目 72322004、专项项目 72342020）资助下，清华大学安砾副教授与加州大学圣迭戈分校约瑟夫·恩格尔伯格（Joseph Engelberg）教授等海外学者合作，对头脑账户在投资决策中的影响开展原创性研究，成果以“The portfolio driven disposition effect”为题，于 2024 年 8 月正式发表在金融学顶级期刊*Journal of Finance*上。

“头脑账户”这一概念由诺贝尔经济学奖获得者理查德·塞勒（Richard Thaler）提出，成功解释了现实中大量的有限理性行为。“头脑账户”是指决策者将复杂财务状况分解为更小、更易管理部分的认知模型，被归到同一账户内的结果会被合并及共同评估，而不同账户内的结果则被分别评估。著名金融学者尼克·巴贝里斯（Nick Barberies）认为：“尽管这一概念被广泛接受，头脑账户却是公认的难以研究，因为目前尚没有关于头脑账户的成熟理论方法与模型，同时相关数据与场景也很难获取。”由于头脑账户的实证研究存在巨大的因果识别挑战，已有文献鲜有实证证据来厘清“头脑账户”运行的具体机制和机理。

针对这一难题，该研究利用精细投资者持仓和交易数据，基于相似性在头脑账户形成中的重要作用，巧妙地比较了财务上完全相同但相似性存在区别的投资事件对实证现象的影响，从而证明了头脑账户多层框架的存在。这些结果为阐明头脑账户的运行机制提供了全新的证据。

在经典的处置效应基础上，该研究发现了一种新的现象——“组合驱动的处置效应”，即投资者整体投资组合的盈亏对其是否表现出处置效应有很大影响——投资组合盈利时，股票的处置效应会明显减弱，但在亏损时则较为显著。而这一现象的主要驱动因素和作用机制是投资者头脑账户中的多重框架，即投资者在作出交易决策时至少有两个头脑框架——一个在单个股票级别，另一个在投资组合级别，这些头脑框架相互作用导致了组合驱动的处置效应。这一发现对我们理解投资者行为及其对市场均衡的影响都有重要启示。

城市群食品系统可持续性氮管理领域研究

在自然科学基金委（国家杰出青年科学基金项目 71825006）资助下，清华大学温宗国教授团队和澳门科技大学合作，基于资源代谢理论及长时间序列数据集，融合元素流分析、贸易隐含污染转移模型、空间计量分析等理论方法，揭示了城市群食品系统氮元素代谢动态格局和空间相互影响机制，为推进城市群氮污染协同控制和可持续性氮管理转型提供了科学参考。研究成果以“Uneven agricultural contraction within fast-urbanizing urban agglomeration decreases the nitrogen use efficiency of crop production”为题，于 2024 年 5 月 14 日发表在*Nature Food*上。

城市集群发展背景下，城市群内各城市发展路径多样化，产业分工差异显著，导致农业生产规模的不均衡性突出，城市间食品供给消费格局和食品系统氮污染时空特征持续变化。为减缓城市群整体氮污染，需明晰食品系统氮元素代谢机制，避免局地型管理模式下氮污染空间溢出加剧；应充分发挥城市间协同效应，提升氮利用效率和系统可持续性。该研究以中国粤港澳大湾区为案例，发现在城市群农业生产不均衡性加剧过程中，高度发达城市向欠发达城市的食品贸易隐含氮污染转移显著增加（图 3-7-2），城市群作物氮利用效率和食品系统可持续性降低。该研究深化了对城市化进程中可持续性氮管理所面临的关键挑战及机遇的理解，为制定推进多城市协同削减氮污染的社会经济政策提供了科学依据，为通过氮素管理实现食品系统可持续发展目标提供了重要参考。

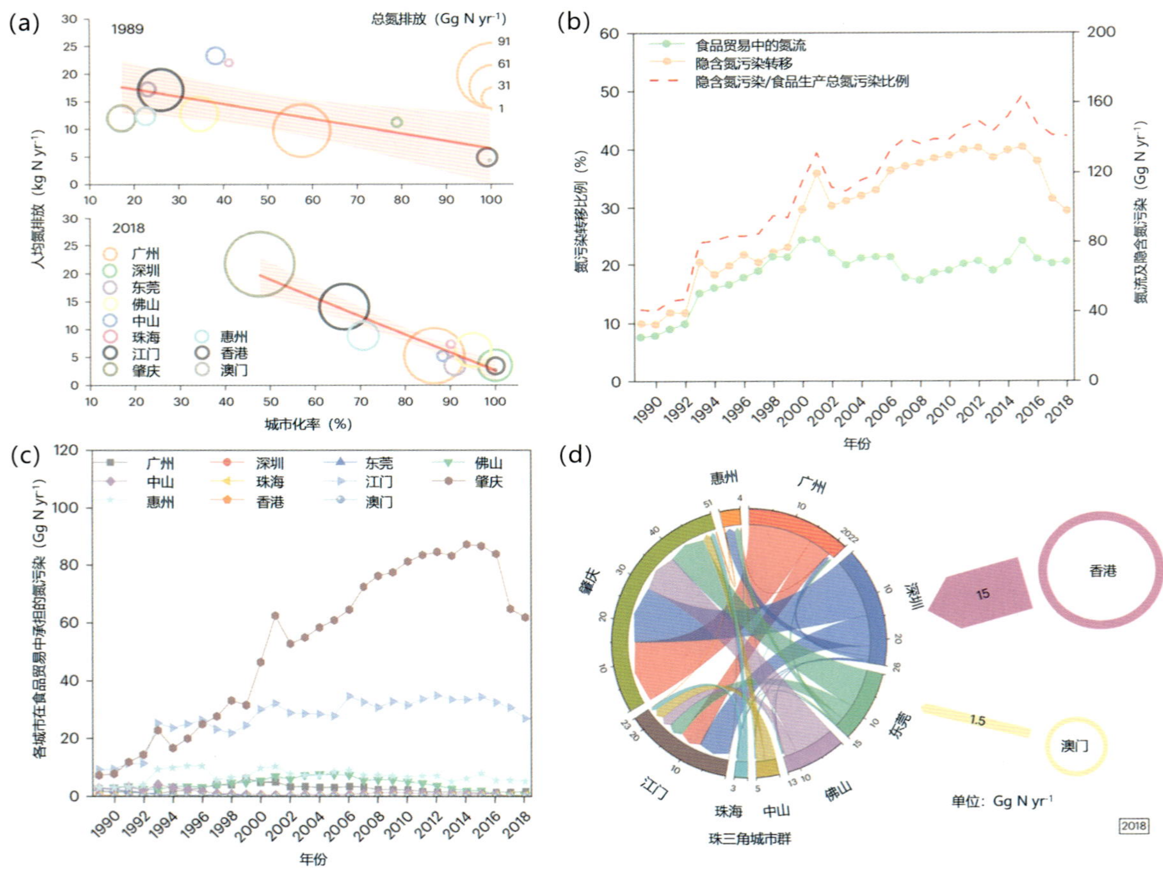

图 3-7-2　粤港澳大湾区食品系统氮排放特征及城市间食品贸易隐含氮污染

八、医学科学部

大脑调控小肠油脂吸收的机制研究

目前，我国成年人超重及肥胖比例已近 50%，人民健康受到严重威胁。过去四十年，我国居民饮食结构中的脂肪占比从 22% 提升至 32.9%。高热量食物（尤其是油脂）的过量摄入，成为当今肥胖流行的重要原因。脂肪在小肠的吸收通常被认为以“简单或辅助扩散”为主，目前无确凿证据提示中枢神经系统参与了这一过程。

在自然科学基金委（基础科学中心项目 82088102、重大研究计划项目 91957124、专项项目 82250901、青年科学基金项目 82100905）等资助下，上海交通大学医学院附属瑞金医院王卫庆主任医师与王计秋研究员合作，在油脂吸收与肥胖发病机制研究方面取得进展。

研究发现小肠油脂吸收受到中枢迷走神经背核（dorsal motor nucleus of the vagus，DMV）的直接调控。借助化学遗传学策略抑制DMV 神经元兴奋性，可通过“脑—肠轴”途径，缩短空肠微绒毛长度、减少肠上皮吸收表面积，减少体重。团队还深入转化研究，通过脑片电生理筛选天然小分子化合物，发现中药单体葛根素可抑制“DMV—迷走神经—空肠轴”途径，减少小肠吸收表面积，促进排油减肥（图 3–8–1）。借助点击化学、结构生物学、条件性基因敲除动物模型等手段，明确了葛根素作为正向变构剂激活DMV 神经元的 γ – 氨基丁酸受体（γ–aminobutyric acid type A receptor，$GABA_AR$）。综上，该研究发现了肠道油脂吸收受到中枢DMV 神经元的直接调控，明确了葛根素通过抑制“脑—肠轴”的特定神经元排油减肥，并鉴定了其关键分子靶点及微绒毛调控机制，为肥胖治疗和减肥药物的开发提供了新思路。

相关成果以“A brain–to–gut signal controls intestinal fat absorption”为题，于 2024 年 10 月 24 日发表在*Nature*上，并获得*Nature*“Research Briefing”的高度评价：“该工作跨越神经、消化、代谢等领域，涵盖药物遗传、神经电生理、光交联反应、冷冻电镜及模式动物等多种前沿技术。”美国亚利桑那大学弗兰克·杜卡（Frank Duca）评论：“此项工作发现了一个极其新颖的脑—肠轴通路，可调节肠道脂肪吸收，为未来诸多研究开辟了新方向。”*Nature Reviews Endocrinology* 同样将此研究列为亮点文章（Research Highlight）重点推荐。

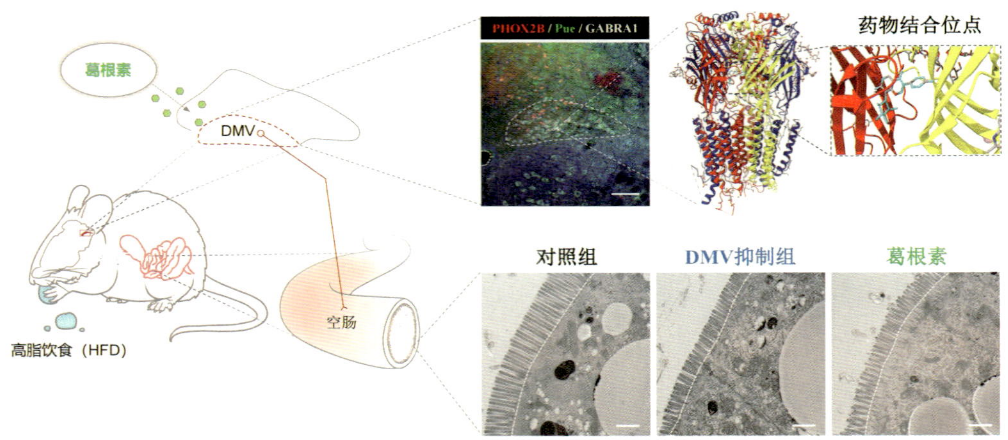

图 3-8-1　脑干 DMV 神经元通过“脑—肠轴”途径缩短小肠微绒毛长度、减少油脂吸收

衰老的时空编程及干预研究

衰老是一个复杂、异质、异步和非线性的系统性过程，伴随着多器官功能的渐进性退行，造成个体生理完整性丧失及神经退行性疾病、心血管疾病和糖尿病等多种慢性疾病患病风险增加。随着时间的推移，衰老导致组织内细胞结构和特性发生不均衡变化，这不仅扰乱了细胞内部的分子调控网络，也深刻影响了细胞在器官内的空间分布和相互作用。当前，我们对衰老在空间维度上如何导致组织和细胞退化的认识尚浅。在复杂的时空背景下，揭示衰老的关键驱动因素、开发安全有效的干预措施，是衰老科学研究面临的重大挑战。

在自然科学基金委（创新研究群体项目 81921006，国家杰出青年科学基金项目 82125011，重大研究计划项目 92149301、92168201）等资助下，中国科学院动物研究所刘光慧研究员团队、中国科学院北京基因组研究所（国家生物信息中心）张维绮研究员团队及中国科学院动物研究所曲静研究员团队等多个团队合作，在免疫球蛋白驱动衰老以及二甲双胍干预研究方面取得新进展。

团队通过对数百万空间位点的精细解析，构建了高精度的泛器官衰老空间地理导航图，揭示了超过 70 种细胞类型的分布特征，发现组织结构失序和细胞身份丢失是多器官衰老的普遍特征。该研究不仅精确定位了多个器官中的衰老核心区域，还发现免疫球蛋白 G（IgG）的积累是衰老的一个关键特征和驱动因素（图 3-8-2）。这些发现为深入理解衰老的机制及预警和干预措施提供了新的科学基础，研究提出的免疫球蛋白相关衰老表型不仅拓展了衰老科学的研究领域，还为延缓衰老及防治相关疾病开辟了新途径。

进一步地，团队首次发现二甲双胍在老年灵长类动物多个组织器官中发挥衰老保护效应。基于自主研发的人类细胞衰老研究体系，揭示了二甲双胍激活NFE2 样bZIP转录因子 2（Nrf2）介导的抗氧化基因表达网络，并增强细胞抗氧化能力的新作用。此外，团队通过利用生理机能评估、医学影像、血液检测等 60 多项生理参数，结合多维生命组学和组织病理学分析技术，证实了二甲双胍对老年灵长类动物全身数十种组织具有年轻化效应，并能显著延缓老年灵长类个体大脑皮层萎缩，提升其认知能力（图 3-8-3）。该研究为延缓衰老及防治相关疾病开辟了新途径，为人类衰老干预的转化医学奠定了基础，标志着老年医学研究正逐步从单一疾病治疗转向对衰老的全面系统干预。

上述成果分别以“Spatial transcriptomic landscape unveils immunoglobin-associated senescence as a hallmark of aging”和“Metformin decelerates aging clock in male monkeys”为题发表在*Cell* 上，并入选当期的“Featured Article”，受到*Nature*、*Science*、*Nature Aging* 等的亮点评价。

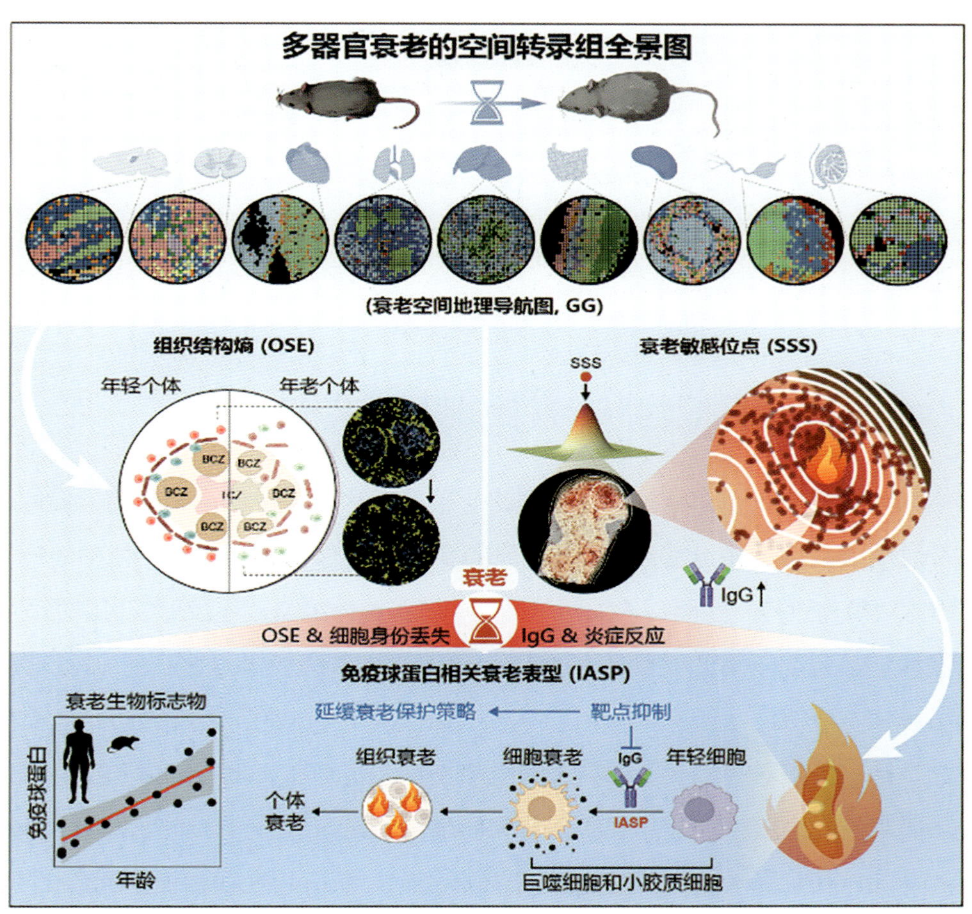

图 3-8-2　空间转录组图谱揭示免疫球蛋白相关衰老表型

图 3-8-3　二甲双胍逆转灵长类多维衰老时钟

人类卵母细胞纺锤体组装机制

纺锤体的正确组装对于细胞顺利完成有丝分裂和减数分裂过程至关重要，是保证染色体精确分离及后续细胞和胚胎正常分裂与发育的基础。纺锤体组装过程主要包括纺锤体微管聚合以及纺锤体双极化过程。然而，人类卵母细胞中的纺锤体组装过程及形成机制仍不清楚。

在自然科学基金委（面上项目 82271685、国家杰出青年科学基金项目 82325021、青年科学基金项目 82101737、面上项目 82171643、基础科学中心项目 82288102）等资助下，复旦大学王磊教授、桑庆研究员及上海交通大学李文主任医师在人类卵母细胞纺锤体双极化机制研究方面取得重要进展。研究成果以“Mechanisms of minor pole - mediated spindle bipolarization in human oocytes”为题，于 2024 年 8 月 23 日在线发表在*Science*上。

团队在人类卵母细胞中发现了一种此前未被发现的、负责聚合微管的特殊结构，并将其命名为人类卵母细胞微管组织中心（huoMTOC）。当huoMTOC结构被破坏时，人类卵母细胞中的纺锤体微管聚合受阻，最终无法形成纺锤体。团队进一步发现人类卵母细胞纺锤体微管开始聚合后，呈现出与有丝分裂及其他哺乳动物卵母细胞纺锤体双极化过程截然不同的形态变化，需经历较长时间的多极纺锤体形态才能够形成双极纺锤体。其中，关键蛋白 HAUS6、KIF11 和 KIF18A 在调控纺锤体双极化过程中发挥重要作用。在临床生殖障碍疾病患者中，编码关键蛋白的基因突变会引起不同程度的纺锤体双极化异常，导致卵母细胞成熟障碍、受精失败及早期胚胎发育停滞（图 3-8-4）。

该系列研究首次发现了人类卵母细胞中纺锤体启动微管组装的全新亚显微结构——huoMTOC，精确描绘了双极纺锤体的形成过程，发现了多极纺锤体是人类卵母细胞纺锤体双极化过程中必经的生理状态，揭示了人类卵母细胞纺锤体组装的独特生理、病理机制，为人类卵母细胞纺锤体组装过程提供了新的认识，并将为临床生殖障碍疾病的诊疗提供科学依据。

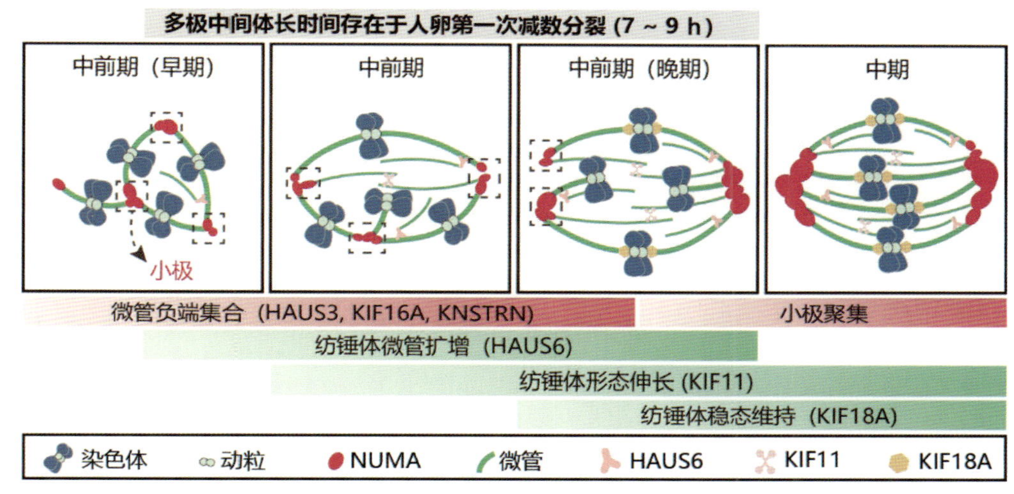

图 3-8-4　人类卵母细胞双极纺锤体组装机制

抗结核药物贝达喹啉及其衍生物作用机理研究

结核病（tuberculosis）是由结核分枝杆菌（*Mycobacterium tuberculosis*）引起的传染性疾病。据世界卫生组织（World Health Organization，WHO）发布的《2024 年全球结核病报告》估算，全球结核病潜伏感染人数接近 20 亿，新发结核病患者 1 080 万人，耐多药或利福平耐药结核病患者 40 万人，我国结核病新发患者 74.1 万人。由耐多药及广泛耐药结核分枝杆菌引起的结核病严重威胁着全人类的健康。因此，研发新型抗结核药物已成为控制结核病蔓延的迫切需求。

贝达喹啉（bedaquiline，BDQ）是一种靶向结核分枝杆菌 ATP 合成酶的抑制剂，可以高效地抑制结核分枝杆菌的生长，是近半个世纪以来第一个上市的抗结核新药，被 WHO 列为耐利福平结核病和耐多药结核病长程治疗方案的首选药物。然而，研究发现 BDQ 可与钾离子通道蛋白hERG相互作用，导致患者发生心律失常的风险增加，而且对人源ATP合成酶的活性也存在潜在的交叉抑制。因此，揭示BDQ的作用机理及其抑制人源ATP合成酶活性的分子机制，对于开发新型结核分枝杆菌ATP合成酶抑制剂具有重要意义。

在自然科学基金委（优秀青年科学基金项目 82222042）资助下，南开大学生命科学学院贡红日教授、饶子和教授团队联合广州实验室刘凤江副研究员、上海科技大学免疫化学研究所高岩副研究员，在BDQ及其衍生物TBAJ-587 抑制结核分枝杆菌和人源ATP合成酶分子机理研究方面取得进展。

团队创新性地利用“基因敲入-基因敲除-基因过表达”菌株构建策略，结合亲和层析及凝胶过滤层析蛋白纯化方法，成功获得了结核分枝杆菌ATP合成酶蛋白样品，通过探索优化冷冻电镜样品制备条件，解析了结核分枝杆菌ATP合成酶分别结合BDQ及其衍生物TBAJ-587 状态的三维结构（图 3-8-5）。该结构显示，BDQ和TBAJ-587 通过喹啉基团（A基团）和二甲氨基基团（D基团），与由结核分枝杆菌ATP合酶a亚基和c环形成的前导位点、中间位点和后置位点产生强烈的相互作用，阻止了ATP合成酶跨膜区域c环的旋转和质子的转运，进而阻止了能量“货币”ATP的合成，最终达到“饿死”结核分枝杆菌的目的。该研究同时发现BDQ和TBAJ-587 均对人源ATP合成酶的活性有影响，BDQ在人源ATP合成酶中的结合口袋类似于在结核分枝杆菌ATP合成酶中的前导位点（图 3-8-6）。研究人员分析发现，基于BDQ中苯基（B基团）和萘基（C基团）再设计产生的TBAJ-587 只是降低了与hERG蛋白相互作用引发心律失常的风险，基于A基团再设计优化才有可能降低与人源ATP合成酶的相互作用，进而规避临床治疗中带来的潜在健康风险。

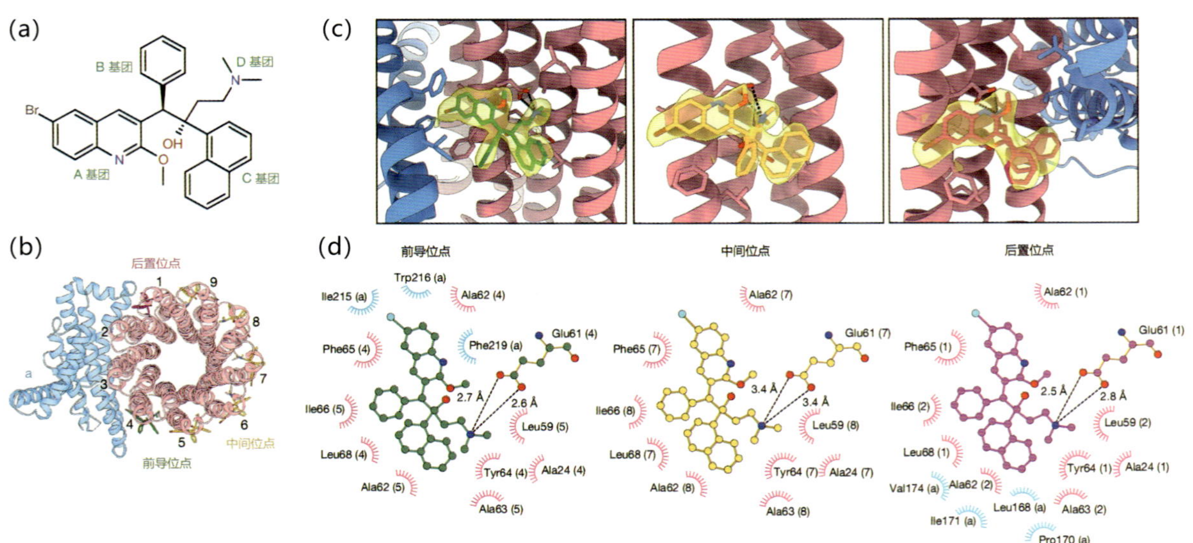

图 3-8-5　结核分枝杆菌 ATP 合成酶结合 BDQ 的三维结构及相互作用分析

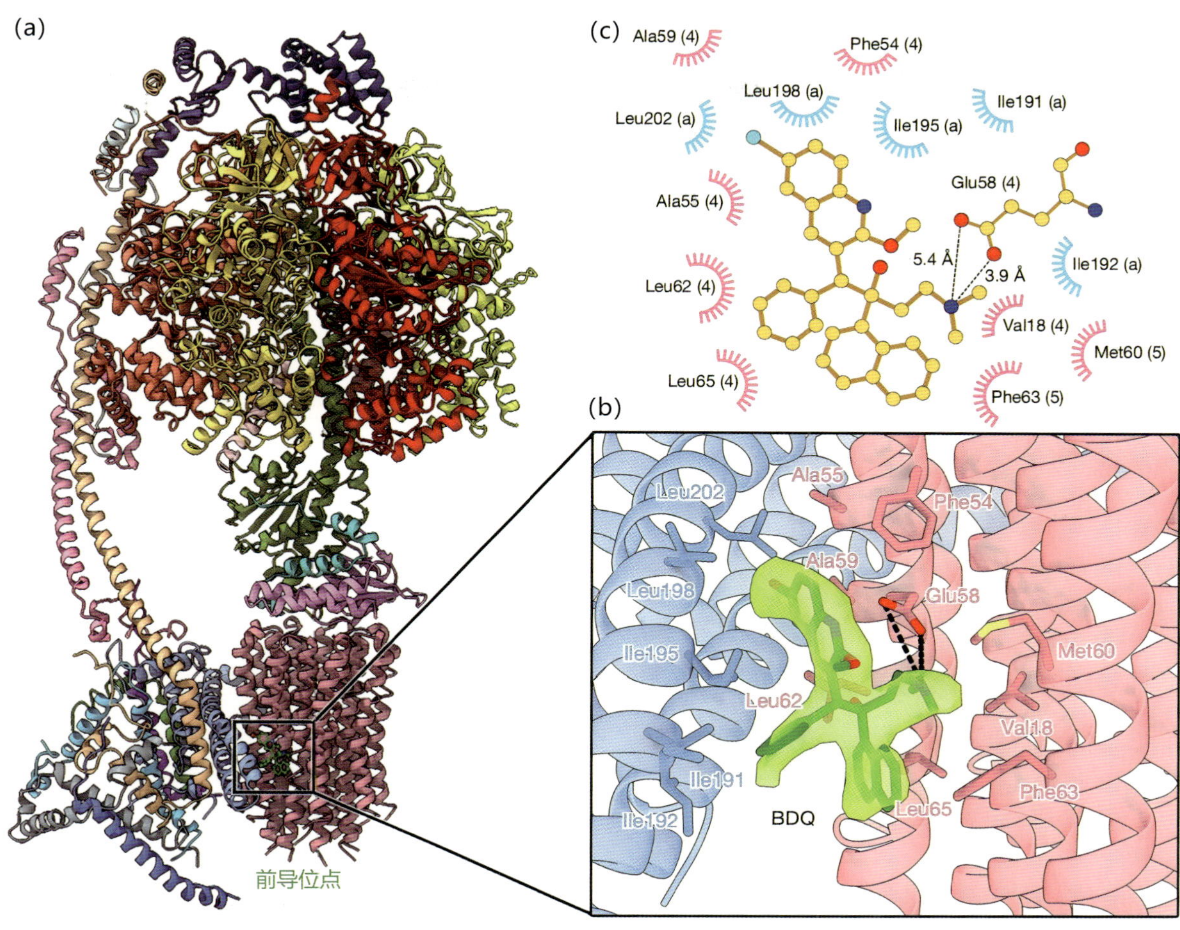

图 3-8-6　人源 ATP 合成酶结合 BDQ 的三维结构及相互作用分析

相关成果以“Inhibition of *M. tuberculosis* and human ATP synthase by BDQ and TBAJ-587”为题发表在*Nature*上。*Nature*同期邀请新西兰皇家科学院院士格雷戈里·库克（Gregory Cook）教授及其同事发表亮点评述，他们指出：“利用结核分枝杆菌ATP合成机器的结构生物学信息，整合计算化学与人工智能药物设计方法，可进一步设计高特异性的靶向结核分枝杆菌ATP合成酶的化合物，巩固这类药物作为抗结核治疗方案关键组成部分的地位。”中国工程院院士、广州实验室主任钟南山教授表示：“该成果不仅夯实了结核病领域前沿理论研究基础，也为设计具有更高选择性的抗结核药物提供了更多的可能。”

解析肿瘤微环境，推动肿瘤精准治疗

恶性肿瘤严重威胁我国人民生命健康，目前，手术切除仍是实体肿瘤的首选治疗方式，高复发转移率是制约患者术后长期生存的主要因素。经过数十年的发展，以免疫治疗为基础的联合治疗已经贯穿于恶性肿瘤全线治疗，极大改善了患者预后。尽管如此，无论是单纯免疫治疗、靶向药物联合免疫治疗还是双免疫治疗，实体肿瘤的总体应答率仍不足一半。究其原因，高度复杂的微环境特征是实体肿瘤精准治疗面临的重大挑战。解析肿瘤微环境并鉴定新的免疫治疗增敏靶点是提高实体肿瘤治疗应答率、改善患者预后的关键。

针对上述迫切需要解决的重大临床和科学问题，复旦大学附属中山医院樊嘉教授、高强教授团队开展了一系列基础研究，全面解析了肿瘤微环境细胞亚群特征及其促癌、抗癌机制：①对包括肝癌、胆管癌和胆囊癌在内的 17 种实体肿瘤，共计 225 例样本进行泛癌种中性粒细胞单细胞转录组分析发现，HLA-DR$^+$CD74$^+$ 中性粒细胞通过亮氨酸代谢和组蛋白 H3K27 乙酰化修饰来引发抗原呈递，进而诱导T细胞抗原特异反应并促进形成“热肿瘤”微环境，从而发挥抗癌作用，亮氨酸饮食或HLA-DR$^+$CD74$^+$ 中性粒细胞的输送可以重塑免疫微环境，增强抗PD-1 治疗效果（图 3-8-7，相关成果于 2024 年发表在*Cell* 上）；②结合 20 个癌种，共计 477 例实体肿瘤样本的B细胞单细胞转录组分析，系统揭示了肿瘤微环境B细胞的表型功能异质性、动态分化以及表观调控机制。发现DUSP4+ 非典型记忆B细胞的亚群通过滤泡外应答途径分化为浆细胞，能够分泌识别自身抗原的抗体，并抑制T细胞的功能，导致肿瘤微环境处

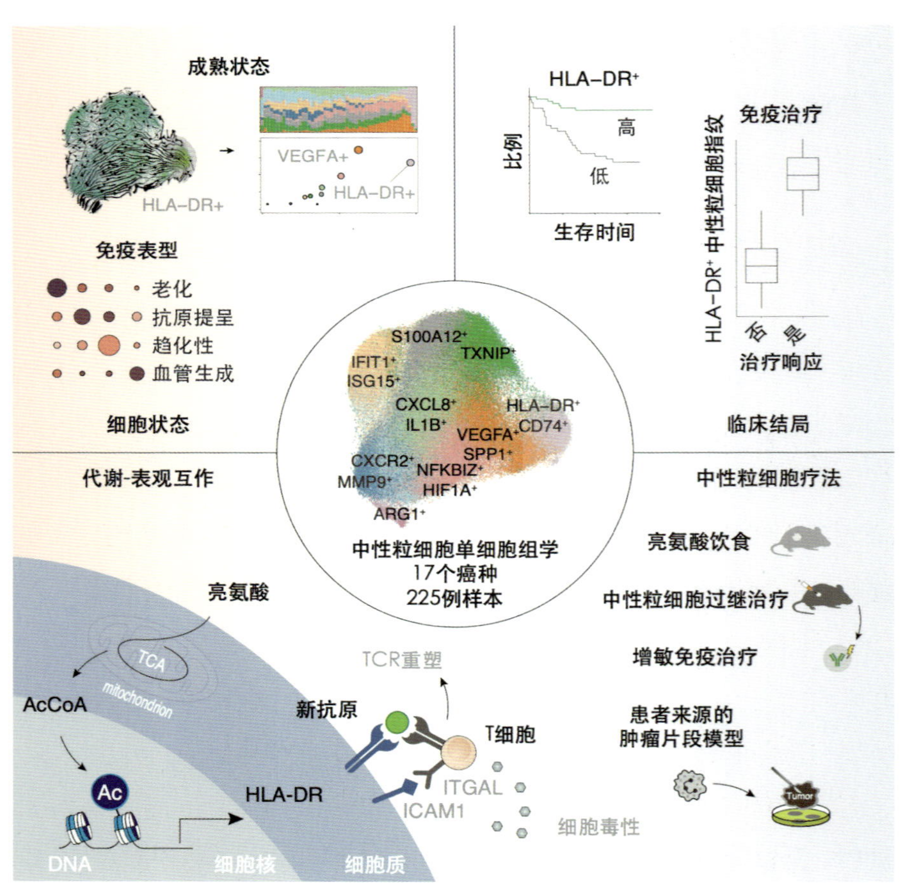

图 3-8-7　单细胞转录组分析阐明中性粒细胞抗肿瘤抗原呈递功能

于免疫抑制状态，不利于患者预后和抗癌免疫治疗。这一发现为未来精准调控B细胞、鉴定新的免疫治疗靶点以及开发新的免疫联合治疗方案提供了重要线索（图 3-8-8，相关成果于 2024 年发表在*Science* 上）。

上述研究在自然科学基金委［重点项目 82130077、重点国际（地区）合作研究项目 81961128025、创新研究群体项目 82121002、专项项目 82341008、重大项目 82394450、联合基金项目 U23A6010］等资助下完成，为恶性肿瘤精准治疗的发展奠定了重要基础。

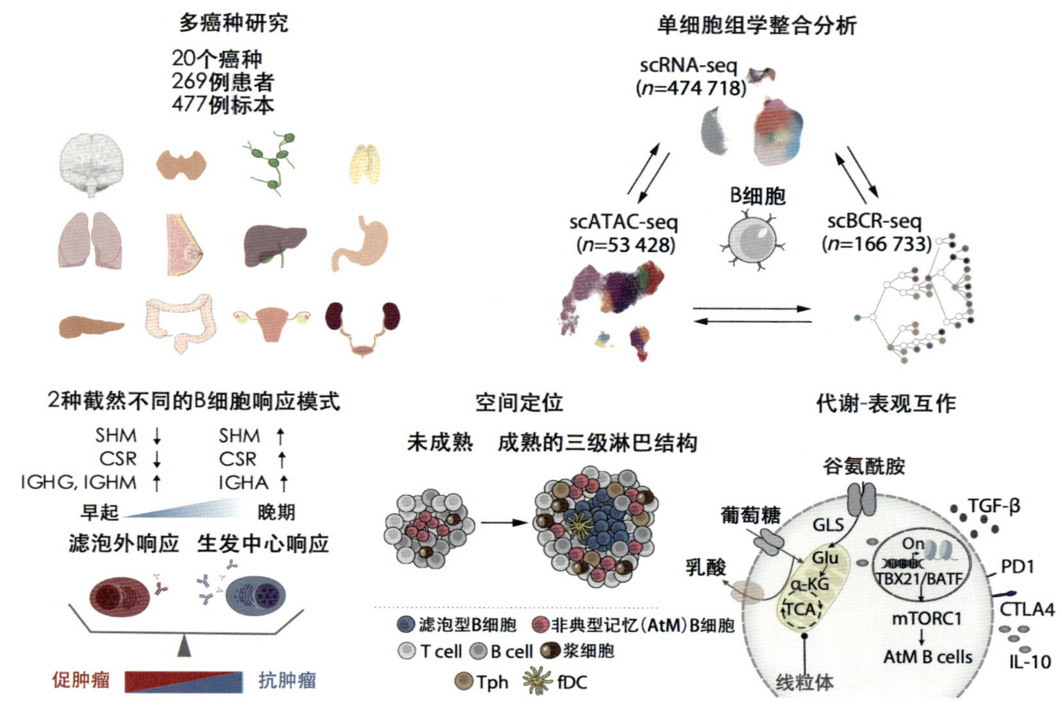

图 3-8-8　绘制人类肿瘤浸润 B 细胞蓝图

新免疫调控点 CD3L1 作用机制及药物开发研究

恶性肿瘤威胁人类的健康和生命，晚期肿瘤缺乏有效治疗手段。目前，尽管以程序性死亡受体-1/配体-1（PD-1/PD-L1）抗体为代表的肿瘤免疫检查点抑制剂在临床中取得了显著成效，但仍有大量患者对免疫治疗反应不佳，这促使研究人员探索新的免疫治疗靶点。

在自然科学基金委（重点项目 82030104，面上项目 81874050、81572326）资助下，复旦大学许杰教授团队成功发现了一种新免疫调控点——CD3 配体 1（CD3L1，又称 ITPRIPL1），并对其作用机制进行了深入剖析，研发出针对该靶点的治疗性抗体。研究发现，CD3L1 在免疫豁免器官及缺乏 PD-L1 表达的肿瘤组织中高表达，提示其可能促进肿瘤的免疫逃逸。

团队借助单细胞测序、质谱分析等高通量技术，结合一系列实验与功能验证，揭示了CD3L1 作为CD3ε的天然配体，有效抑制了T细胞的活化。这一发现不仅阐明了CD3L1 在肿瘤免疫逃逸机制中的核心作用，还首次证实了CD3 存在具有抑制功能的天然配体，这有望改变T细胞抗原受体（TCR）/CD3 复合物的传统“主从”调控模式，形成TCR与CD3 均接受天然配体信号的“双极”调控新机制（图 3-8-9）。

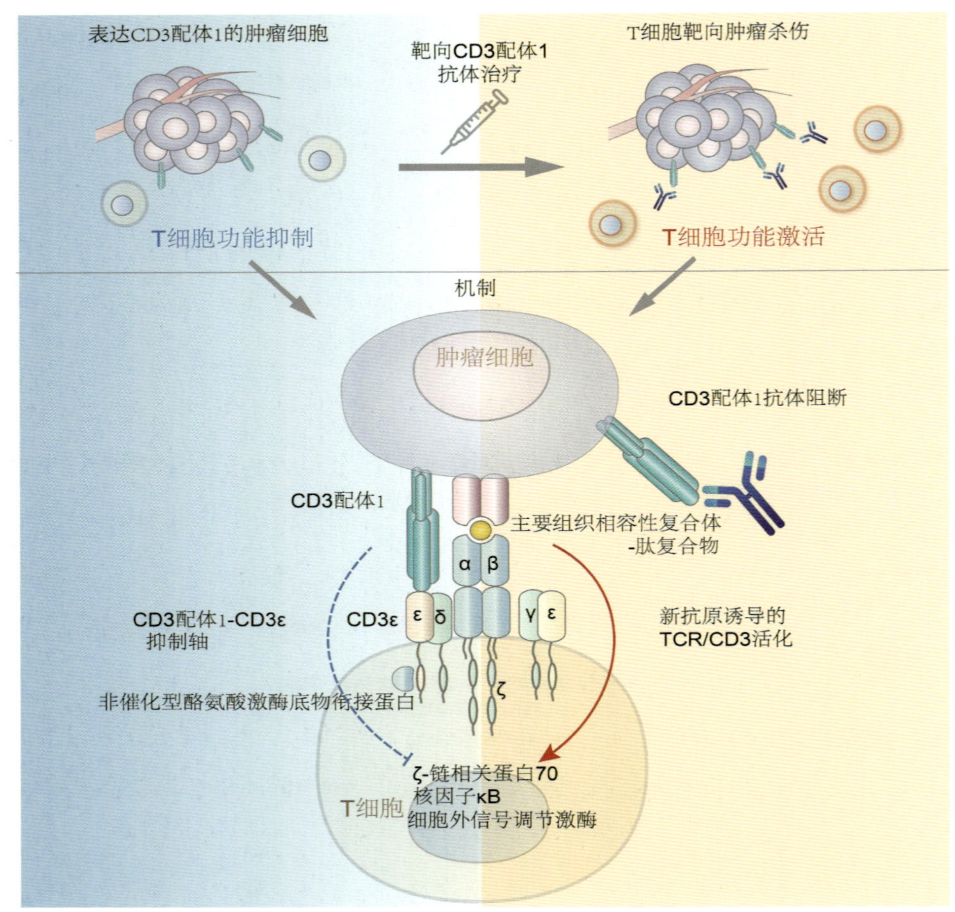

图 3-8-9　CD3L1 及抗体的作用机制

在此基础上，团队研发了以CD3L1 为靶标的特异性治疗抗体，该抗体在肿瘤模型及宠物自然肿瘤中均表现出显著的治疗潜力。目前，该抗体（BT02 单克隆抗体注射液）已获美国食品药品监督管理局（FDA）与国家药品监督管理局（NMPA）的新药临床研究（IND）批准，正处于Ⅰ期临床研究阶段；且CD3L1 抗体已呈现出良好的安全性以及对部分晚期肿瘤的显著疗效。因此，该原创靶点已经得到了临床初步验证。

团队的这一研究实现了从新机制发现、新靶点验证到候选药物研发的原创探索，为肿瘤免疫治疗的发展带来了新的曙光。研究成果以“ITPRIPL1 binds CD3ε to impede T cell activation and enable tumor immune evasion”为题，于 2024 年 4 月 25 日发表在*Cell*上。

九、交叉科学部

上山文化遗址水稻从野生到驯化的十万年演化史研究

水稻作为世界主要粮食作物之一，不仅养活了全世界 1/3 的人口，还为中华文明的发展繁盛提供了重要的物质和文化基础。一个多世纪以来，关于水稻驯化、稻作农业起源的历史一直是考古学、生物学、农学、遗传学、人类学等诸多学科关注的焦点问题。

在自然科学基金委（重大项目 T2192950）等资助下，中国科学院地质与地球物理研究所吕厚远研究员团队与浙江省文物考古研究所、临沂大学等全国 13 个单位的专家紧密合作，利用植硅体微体化石分析等方法开展了水稻起源研究，揭示了东亚水稻从野生采集到栽培驯化的连续历史。相关成果以“Rice’s trajectory from wild to domesticated in East Asia”为题，于 2024 年 5 月 24 日正式发表在*Science* 上。

团队在多年对现代野生稻－驯化稻的植物、土壤中水稻植硅体系统研究的基础上，建立了利用水稻泡状细胞中扇型植硅体鱼鳞纹数量判别水稻野生－驯化的标准和统计方法，厘定了驯化稻中鱼鳞纹数量≥ 9 的扇型植硅体比例阈值在 40% 以上；明确了水稻扇型植硅体鱼鳞纹数量增加与水稻驯化程度增强的植物生理及农艺性状联系。

在此基础上，团队通过对浙江省浦江县上山遗址、龙游县荷花山遗址等上山文化典型遗址的考古地层－自然剖面进行采样分析，基于上山遗址、荷花山遗址的 38 个光释光年龄和植硅体碳－14 年龄的贝叶斯模型，建立了约 10 万年以来的高精度年代地层序列。

研究结果表明，早在约 10 万年前，野生水稻就已经在长江下游地区广泛分布；约 24 000 年前，人类就已经开始采集并利用野生稻；约 13 000 年前，水稻植硅体驯化比例逐渐增加，表明野生稻驯化前的栽培过程开始了；约 11 000 年前，驯化水稻植硅体比例迅速增加并达到驯化阈值，标志着东亚稻作农业的起源。这一发现不仅揭示了东亚野生稻从采集到驯化完整而漫长的过程（图 3-9-1），还为稻作农业起源研究构建了清晰的演化框架，进一步确认了我国是水稻的起源地。

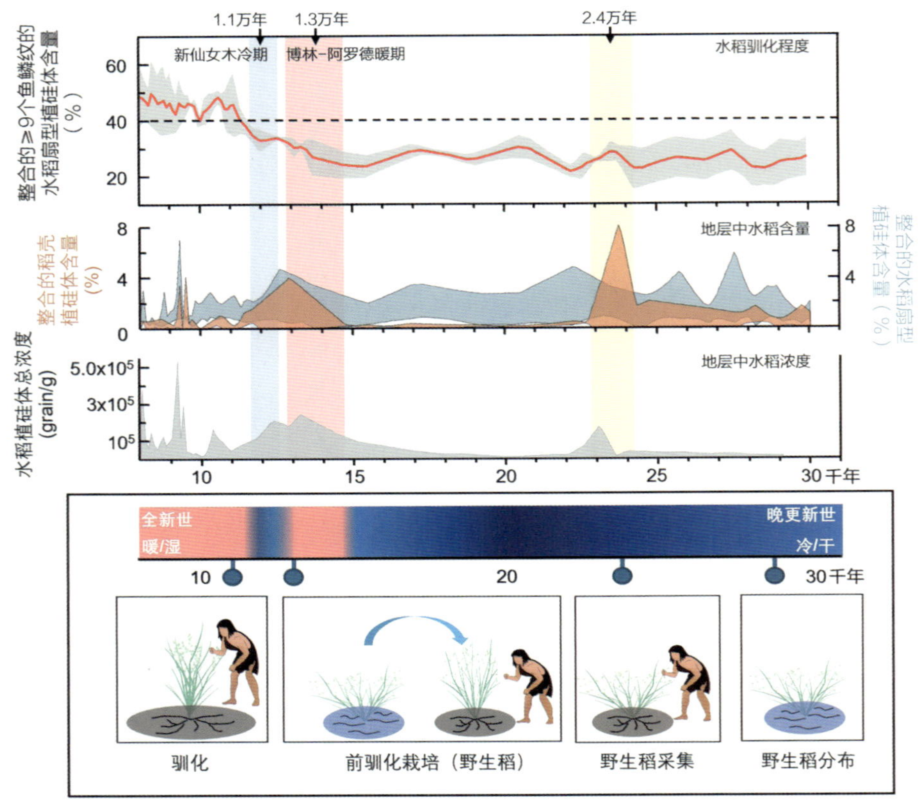

图 3-9-1　约 10 万年以来长江下游地区水稻驯化利用的综合记录

在拓扑编程 DNA 折纸上编码信号传播

在自然科学基金委（基础科学中心项目T2188102）等资助下，上海交通大学樊春海教授与华东师范大学裴昊教授合作开发了一种基于拓扑编程的DNA折纸系统，该系统通过拓扑变构机制形成动态支架，可在纳米尺度上编码信号节点的连接模式与连通性，从而构建一种全新的拓扑图形计算模式。研究成果以“Encoding signal propagation on topology-programmed DNA origami”为题，于2024年6月17日发表在*Nature Chemistry*上，并被选为封面文章（图 3-9-2）。

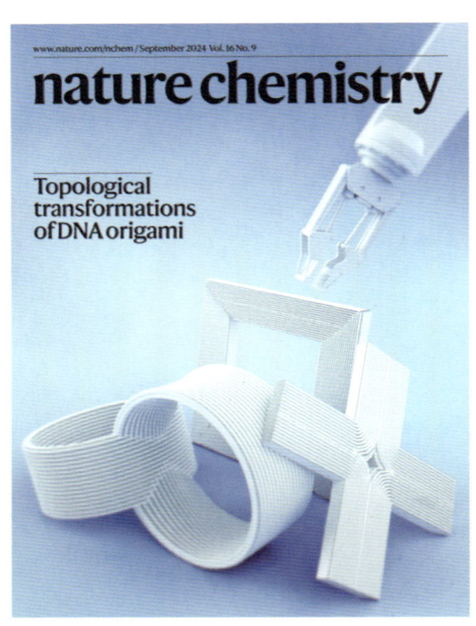

图 3-9-2　*Nature Chemistry* 当期封面

如何利用拓扑变换来动态配置节点之间的连接，建立适应性计算功能连接的拓扑模式，是图形计算的前沿研究方向。近年来，结构DNA纳米技术的发展为构建仿生拓扑异构纳米结构提供了新机遇。然而，如何构建具有复杂拓扑调控功能且能实现复杂拓扑变换的人工结构仍然是一个巨大的挑战。

针对这一挑战，团队首先提出了一种在分子层面实现拓扑操作（粘贴和剪切）的策略，促使DNA 折纸结构发生全局构象变化（图 3-9-3）。基于该策略成功设计并构建了三类可重构的DNA 折纸系统，通过分子拓扑操作实现了结构的连续拓扑变化，并通过拓扑不变量表征了这些拓扑变化。这些拓扑编程的DNA 折纸可作为动态支架用于时空可控的分子信号传播，通过拓扑变换改变节点的位置、连接模式与连通性，建立拓扑性质与计算网络架构的直接关联，根据拓扑性质变化调节计算功能，使网络拓扑适应功能连接实现多种逻辑计算。

该研究基于分子拓扑连续变换的机制，为探索纳米尺度上的拓扑图形化计算提供了可编程动态支架，实现了DNA 折纸结构的连续拓扑变换，并在实验中展示了分子节点数量高达 77 个的信号传递网络规模。团队基于拓扑变构实现计算网络节点连接模式的变换，在纳米尺度展现出核酸分子极高的拓扑可编程性；通过多达 100 多个链置换反应和杂交反应在分子水平上实现了高效的拓扑操作；利用空间上排列活性DNA 发夹，实现了信号在 3D 折纸曲面上不同长度（超过 300 nm）、方向和曲率（凹或凸）传输路径上的传播。研究提出的拓扑操作策略为实现动态DNA 自组装提供了一条通用途径，并为推动拓扑图形化计算提供了新思路。

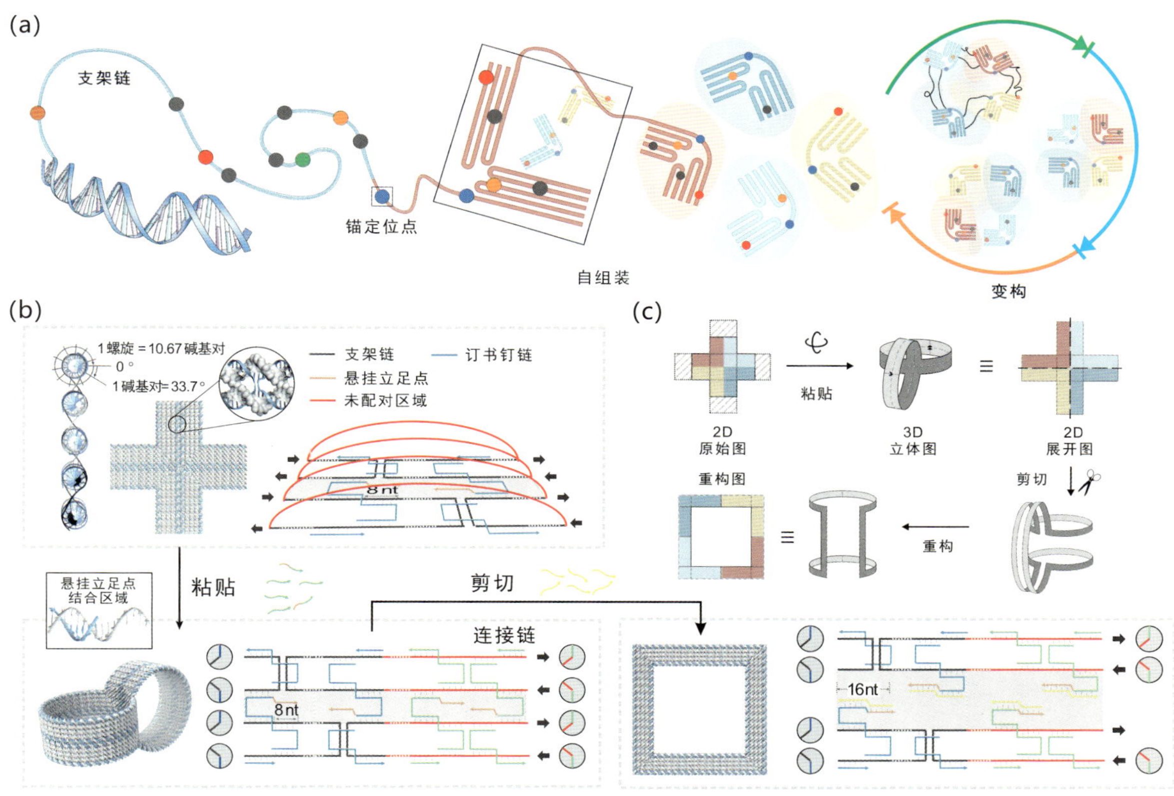

图 3-9-3　基于 DNA 折纸系统的拓扑转换与计算

细胞膜和 DNA 双靶点抗耐药真菌多肽模拟物的设计与发现

目前，耐药真菌严重威胁着人类生命健康，而单一靶点的药物难以应对真菌耐药性的迅速发展。双靶点药物可同时作用于微生物的多个代谢途径或物理屏障，有效减缓耐药性的产生，在药物研究中具有很大的应用前景。尽管在临床中通过药物联用的替代方案可实现双靶点抗耐药真菌，但两种药物在体内的分布和药代动力学各不相同，这使治疗效果受到限制。真菌和哺乳动物细胞均为真核细胞，其高度相似的细胞结构导致抗真菌分子靶点难以被明确。因此，双靶点药物的研究在抗真菌药物研究领域一直未取得突破。

在自然科学基金委（国家杰出青年科学基金项目 T2325010）等资助下，华东理工大学刘润辉教授课题组在双靶点抗耐药真菌研究方面取得进展。相关成果以“A dual-targeting antifungal is effective against multi-drug resistant human fungal pathogens”为题，于 2024 年 4 月 8 日在线发表在*Nature Microbiology*上。

刘润辉课题组用聚（2-噁唑啉）模拟天然宿主防御肽，同时引入DNA 结合功能基团，在国际上首次成功设计了细胞膜和DNA 双靶点抗耐药真菌多肽模拟物，并结合显微成像解析了活性分子通过细胞膜和DNA 双靶点抗耐药真菌的作用机制（图 3-9-4）。双靶点活性分子对临床多重耐药真菌具有高活性和高选择性，在临床前小鼠角膜炎、擦伤感染、全身感染等多个耐药真菌感染动物模型中均显示出优异治疗效果。相比现有单一机制的抗真菌药物，双靶点活性分子更不易使致病真菌产生耐药性，展示了其在临床抗真菌药物研究中的良好前景。

该研究首次提出了新型双靶点抗耐药真菌多肽模拟物的设计策略，为抗耐药真菌感染药物的设计和发现提供了新视角，发掘了双靶点抗耐药真菌活性分子的潜在应用价值。

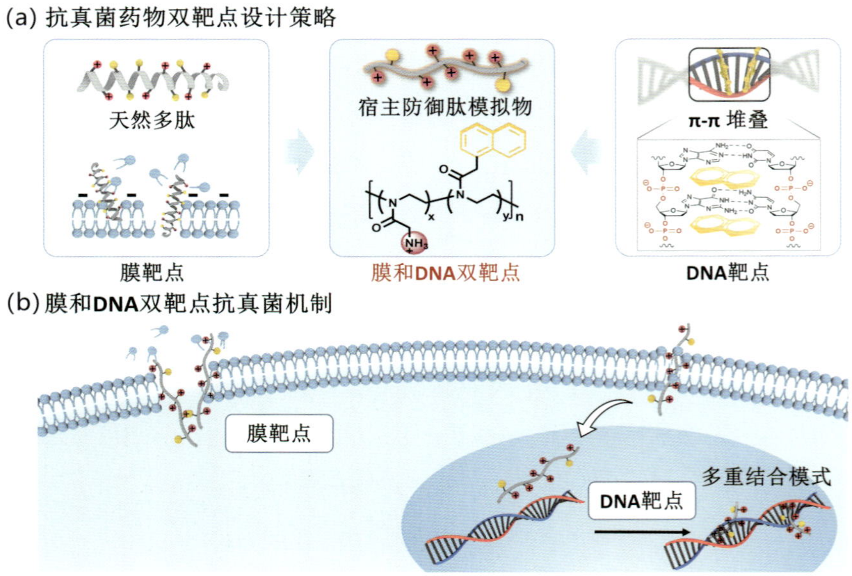

图 3-9-4　细胞膜和 DNA 双靶点抗耐药真菌多肽模拟物的设计策略

汉语方言扩散和传播混合模式研究

汉语方言作为汉文化的重要载体之一，在全球拥有超过 14 亿的母语人口，其传播与演化机制一直是人类学界和群体遗传学界关注的焦点。

在自然科学基金委（优秀青年科学基金项目T2122007）资助下，复旦大学张梦翰教授团队联合徐书华教授与金力教授团队，系统地整合了语言学、群体遗传学和生态学等多学科理论和方法，解析了汉语方言文化的分布规律与扩散历史。相关成果以“Large-scale lexical and genetic alignment supports a hybrid model of Han Chinese demic and cultural diffusions”为题，于 2024 年 5 月 13 日发表在*Nature Human Behaviour*上，并被选为封面文章（图 3-9-5）。

图 3-9-5 *Nature Human Behaviour* 当期封面

团队通过对 926 个汉语方言点、1 018 个词汇特征进行量化分析和空间投影，发现汉语方言的多样性与地理分布密切相关，其词汇差异呈现明显的南北梯度分布；而大型山川河流作为地理屏障，进一步促进了方言群体之间的分化。长江成为南北方言的地理分界线，秦岭—淮河线则成为进一步区分北方官话和南方官话的地理分界线。为进一步揭示汉族人群活动与方言融合历史，团队通过贝叶斯祖源构成推断与融合模式重构，发现中国中部地区方言混合较为明显，形成了“方言熔炉”（图 3-9-6），其融合方向与汉族历史上自北向南的大规模迁徙以及“江西填湖广，湖广填四川”等历史事件有良好的对应关系。结合公共遗传数据，团队进一步对比了中国汉族人群的语言结构和群体遗传结构之间的关系，发现人群扩张是汉语方言传播与分化的关键驱动力，并指出文化传播模式和语言同化在区域方言演变中同样发挥了重要作用。

该研究从语言和遗传两个层面系统地分析了影响汉文化多样性形成的潜在驱动力，强调了除大规模基因流所驱动的人口扩张模式之外，诸如科举制度、印刷术的发明等社会和文化因素在汉语方言演化中起到了关键作用。这一发现为了解汉族人群的人口活动历史提供了关键的跨学科依据，并为进一步研究语言演化与“语言－遗传－文化”共演化提供了重要的参考。

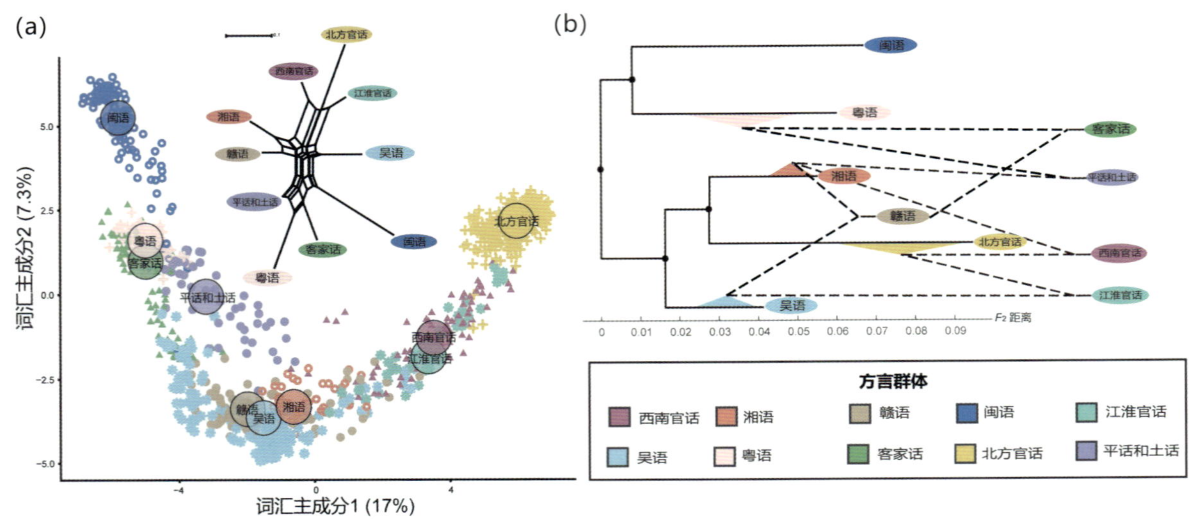

图 3-9-6　汉语方言融合模式推断

基于互联网搜索的智能化劳动力区域流动分析与建模研究

在自然科学基金委（重大研究计划项目 92370204）等资助下，香港科技大学（广州）熊辉教授团队提出了基于互联网搜索的劳动市场实时分析框架。相关成果以“Large-scale online job search behaviors reveal labor market shifts amid COVID-19”为题，于 2024 年 1 月 16 日发表在*Nature Cities* 上。

社会科学作为科学的重要组成部分，致力于理解和解释人类社会的复杂现象，揭示社会运行的规律，促进政策制定和社会发展。传统社会科学研究依赖人口普查和调查数据，存在成本高、周期长的问题。互联网时代丰富的线上搜索数据蕴含大量人类意图和活动信息，成为研究社会行为的新型数据来源。为此，团队提出了基于互联网搜索数据的社会模式智能化分析方法，推动人工智能在社会科学中的交叉应用。

团队建立了基于非结构化搜索语义感知的时空转移模式自动化分析方法，提出了基于互联网搜索的劳动市场实时动态分析框架；设计了一种位置感知的非结构化搜索文本多层多模式并行匹配算法，可实现个体级工作转移元组的高效精准识别；创新性地提出了基于动态图的区域性劳动力转移联合建模框架。团队进一步提出了基于超链接诱导主题搜索的城市吸引力评估新算法，可有效应对搜索分布的长尾特性及时变演化挑战。

该研究突破了搜索数据中复杂意图识别和建模的技术瓶颈，验证了搜索意图对于反映社会动态的价值，并为社会动态分析提供了新的理论框架和实践工具。团队所提出的方法适用于不同社会科学及相关领域任务，对交叉领域研究具有深远的学术意义，特别是在劳动经济学交叉领域，为实现智能化劳动力市场实时分析提供了全新思路和工具，解决了劳动力市场动态细粒度及时分析的关键问题（图 3-9-7），从而为政府追踪劳动力迁移、制定及时有效的宏观政策提供了重要保障。

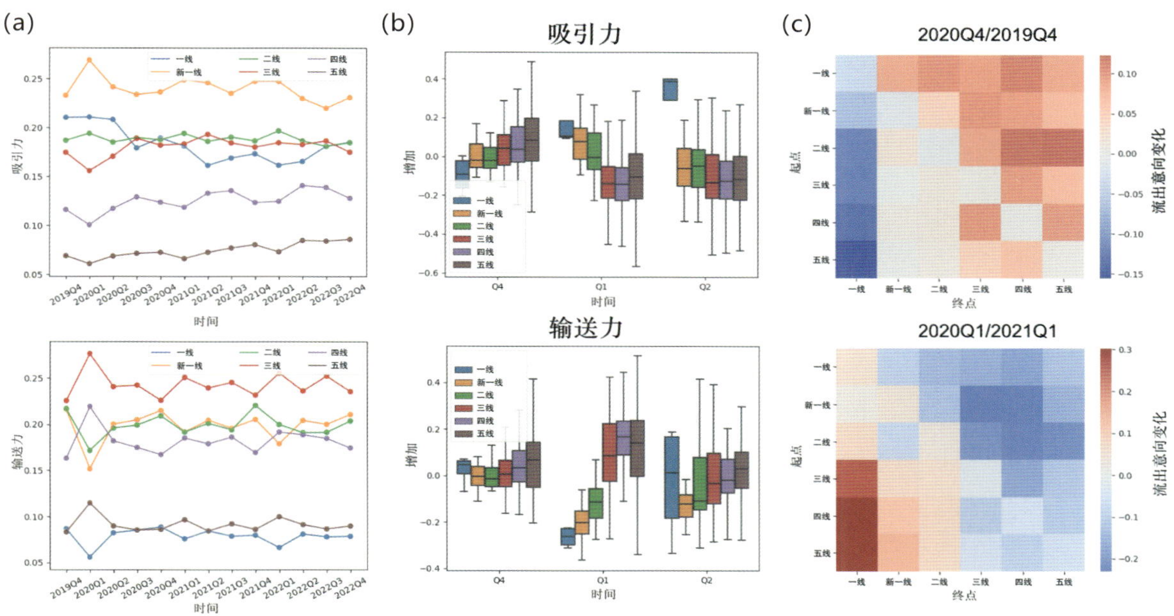

图 3-9-7 基于互联网求职搜索的区域性劳动力流动意向评估

数据驱动创制工程化益生菌制剂用于溃疡性结肠炎治疗

在自然科学基金委（国家杰出青年科学基金项目 T2225021）等资助下，中国科学院过程工程研究所魏炜研究员、马光辉研究员与北京大学第一医院崔一民教授合作，在工程化益生菌制剂治疗溃疡性结肠炎方面取得新进展，研究成果以“Engineered probiotic ameliorates ulcerative colitis by restoring gut microbiota and redox homeostasis”为题，于 2024 年 8 月 27 日在线发表在 *Cell Host & Microbe* 上，并被选为封面文章（图 3-9-8）。

补充益生菌已成为缓解溃疡性结肠炎症状和恢复肠道微生态平衡的重要策略，但益生菌口服后面临胃酸耐受性差、肠道黏附性差等问题，且结肠病灶部位的病理微环境复杂，存在着诸多其他致病因素。针对上述挑战，团队基于数据挖掘和临床样本，揭示了协同恢复菌群稳态与氧化应激稳态在炎症治疗中的重要性，并依此设计、构建了嵌合硒点的干酪乳杆菌，显著增强了口服后的胃酸耐受性和肠道黏附性，该益生菌到达病灶部位后能高效地清除活性氧自由基和调节失衡肠道菌群（图 3-9-9），在多种小鼠模型和食蟹猴模型中显著改善了溃疡性结肠炎症状，疗效远优于临床药物（氨基水杨酸、地塞米松等）。该创新剂型具有较大的临床转化潜力，团队目前正在和北京大学口腔医院合作开展临床研究。

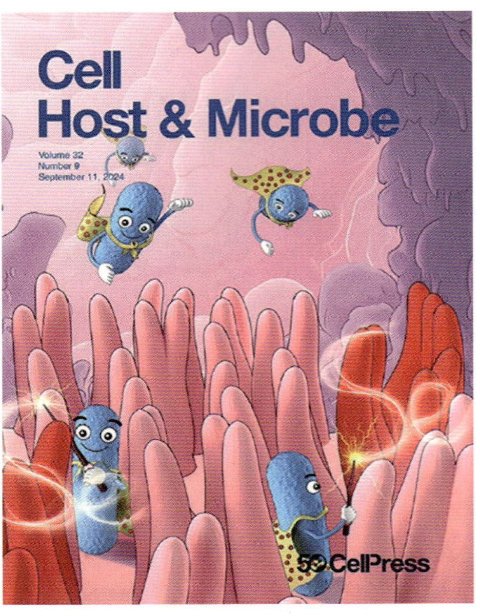

图 3-9-8 *Cell Host & Microbe* 当期封面

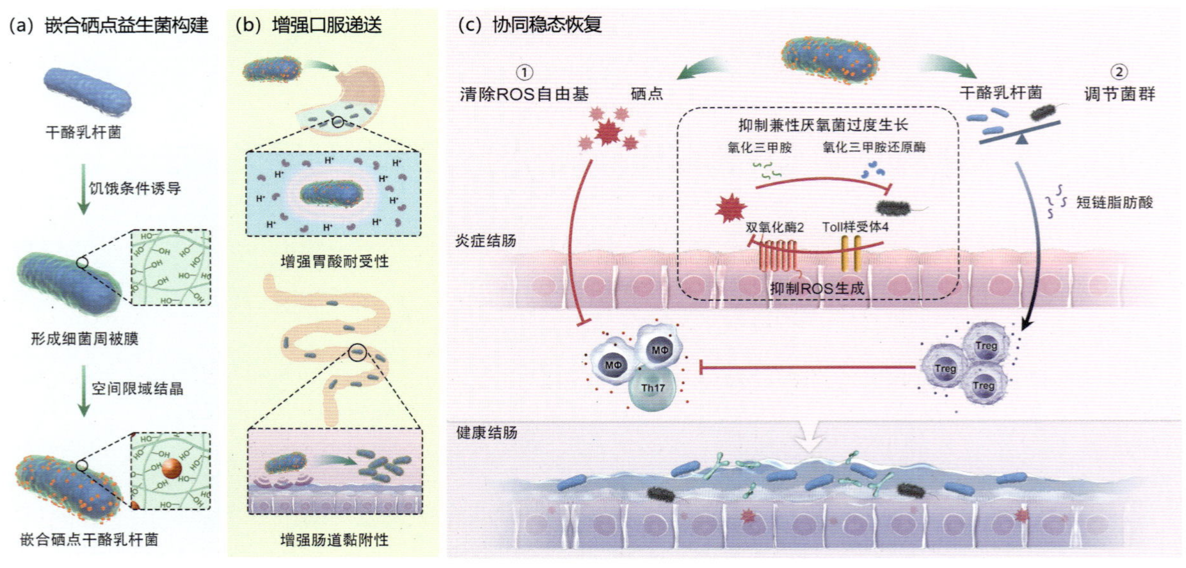

图 3-9-9 嵌合硒点干酪乳杆菌的制备及增强口服递送和协同稳态恢复的示意

十、中国 21 世纪议程管理中心

珍稀濒危旗舰动物及小种群保护与恢复技术研究

在国家重点研发计划“典型脆弱生态系统保护与修复”重点专项（2022YFC1301500）资助下，中国科学院动物研究所牵头，中山大学、北京大学、广东省林业科学研究院等 8 家单位科研人员共同参与，深入揭示了珍稀濒危动物对环境的响应与适应机制，完善了珍稀濒危旗舰动物及小种群保护与恢复的重要理论，研发了濒危动物人工救护和繁育技术。

项目组从行为适应和肠道微生物角度系统阐明了濒危动物的环境响应与适应机制。首次在野生长臂猿中发现具有觅食规划能力的证据；提出将病毒组和宏基因组联合分析以分别挖掘肠道中的裂解型与温和型噬菌体基因组的科学观点，解决了过往的研究无法同时完整地恢复细菌细胞内外的噬菌体基因组的难题。

首次报道了 *E. fergusonii* 感染穿山甲和婴儿型血管瘤的病例。系统开展了呼吸道合胞病毒、D 型轮状病毒等威胁穿山甲的重要病毒的研究，建立了疫病防控技术体系；研发了一种断乳过渡期专用的饲料；首次建立了雄性穿山甲繁殖性能评估标准。研究人员基于以上技术，将穿山甲人工救护成功率提高至 80% 以上，并建立了国内最大的穿山甲人工繁育基础种群。颁布了广东省地方标准《中华穿山甲饲养技术规程》；起草立项了穿山甲救护与繁育技术规程 2 项；成功授权发明专利 4 项。

人类特有的对未来规划能力首次在野生长臂猿中得到证实，相关成果发表后获 *New Scientist* 和《中国科学报》报道。高黎贡白眉长臂猿是世界自然保护联盟（IUCN）红色名录中的极度濒危物种，现存不到 200 只。该系列研究为高黎贡白眉长臂猿食物树种植和保护政策的制定提供了科学依据。团队开发的穿山甲人工救护和繁育技术已在广东省野生动物救护中心等 20 多个保护机构应用（图 3-10-1）。该技术已救护 150 余只穿山甲，并成功繁育中华穿山甲 19 只（包括 1 只子二代），建立了个体数量为 40 只的人工种群；繁育马来穿山甲 25 只，建立了个体数量为 80 只的人工种群。该技术体系为野化放归和野外种群复壮奠定了基础。该系列成果极大地提高了我国在穿山甲保护领域的国际影响力，IUCN 穿山甲专家组前主席丹·查林德（Dan Challender）对本项目的成果给予了高度评价。

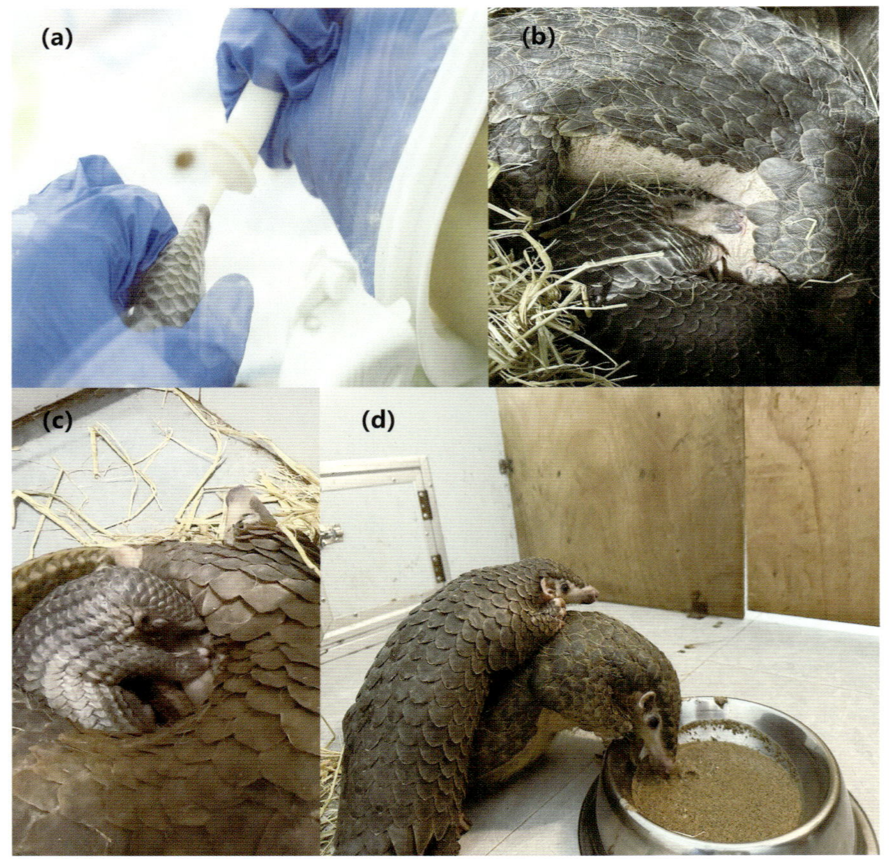

注：（a）穿山甲人工育幼技术；（b）人工繁育的中华穿山甲；（c）人工繁育的马来穿山甲；（d）人工繁育的穿山甲采食人工饲料。

图 3-10-1　人工繁育中华穿山甲幼崽和马来穿山甲幼崽

AI 赋能的塑料添加剂危害性评价与绿色替代设计技术研究

塑料添加剂种类众多、易释放且危害环境，已成为全球塑料污染的核心问题之一。准确评估塑料添加剂危害性，对于我国防治塑料污染、管控新污染物，推动循环经济和可持续发展至关重要。然而，塑料添加剂危害性数据缺失、筛查预测困难、缺乏绿色替代品理性设计技术，严重制约了我国环境污染治理体系及能力建设，使我国在塑料公约谈判及破解发达国家绿色贸易壁垒时话语权不足。

在国家重点研发计划“循环经济关键技术与装备”重点专项（2022YFC3902100）资助下，大连理工大学牵头承担了“典型塑料添加剂危害性筛查与预测关键技术”项目，生态环境部华南环境科学研究所、中国科学院生态环境研究中心等单位共同参与。该项目对塑料添加剂的研究在三个方面取得了重要进展：①种类清单、释放及环境暴露行为；②毒性通路解析及筛查预测模型软件；③绿色替代化学品分子设计技术。团队利用从头算（ab initio）分子动力学，首次精准模拟了化学品在环境气－水界面的降解行为；创新性地发展图注意力神经网络等“端到端”人工智能（AI）算法，融合化学品毒性多组学测试、高内涵图像等多模态大数据，创建了基于判别式AI的化学品危害性筛查预测计算毒理学模型［图 3-10-2（a）］及基于生成式AI的绿色替代化学品分子结构设计模型［图 3-10-2（b）］；首次提出加权分子相似性密度和加权崎岖性指标，实现了多源、多模态高维数据深度学习模型的应用域准确表征［图 3-10-2（c）］。相关成果于 2024 年发表在*Journal of the American Chemical Society*、*Environmental Science & Technology* 等期刊上。

团队基于分子结构设计模型已设计超过 10 万种具有高功能属性、低危害性的新型表面活性剂结构，正与国内外精细化学品龙头企业合作进行产品研发。筛查预测计算毒理学模型平均准确性大于 80%，覆盖 5 万余种化学品 31 类危害性终点，性能达到国际领先水平。此外，团队集成危害性数据库与预测模型，创建了具有自主知识产权的化学品预测毒理学平台，可实现化学品危害性高效预测，并应用于生态环境部化学品管理技术部门；预测结果填补了6 500 种塑料添加剂超 20 万条属性数据，服务于优控添加剂清单制定。该成果为支撑塑料污染及新污染物治理等奠定了技术基础。

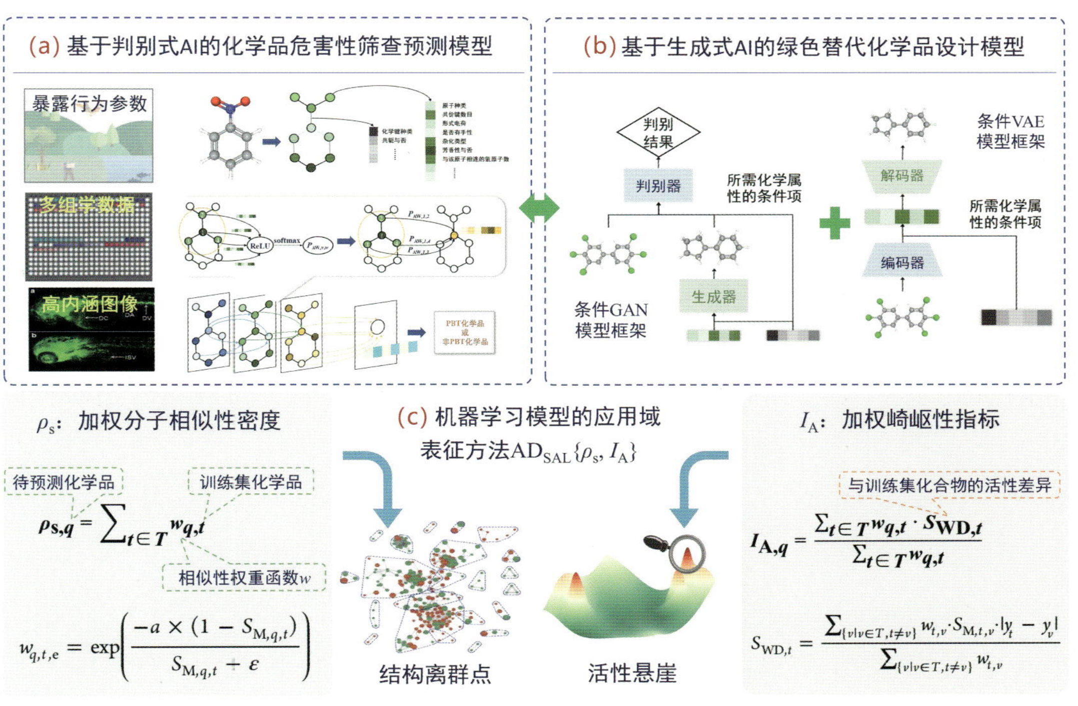

图 3-10-2　AI 赋能的添加剂危害性筛查与绿色设计技术框架

国产全海深光电缆绞车系统研制及示范应用研究

光电缆绞车系统用于深海拖曳系统、缆控水下机器人（ROV）等大型系统的布放、回收及拖曳，是深海资源勘探和开发过程中不可缺少的设备。截至 2024 年，我国深海光电缆绞车系统全部从欧美国家进口，关键技术受制于国外，因此亟须开展全海深光电缆绞车系统国产化自主研发，维护我国海洋权益。

在国家重点研发计划“深海和极地关键技术与装备”重点专项（2023YFC2809600）资助下，大连海事大学、南通力威机械有限公司、江苏亨通华海科技股份有限公司等单位共同承担了“全海深光电缆绞车系统与全海深CTD（温盐深测量仪）绞车系统研制及示范应用”项目。该项目解决了深海科考作业光电缆绞车系统存在传统金属铠装缆自重过大、超大容量缆绳排缆乱卷缠绕等问题，攻克了非金属铠装缆多层堆叠缠绕受力形变、出力效率提升与热累积效应下载流量限制及动态疲劳光纤传输控制、超长光电缆电－磁－热多场耦合特性等科学问题，突破了全海深科考绞车系统设计优化、多支数纤维铠装扭矩平衡设计、纤维层铠装和编织出力效率提升、全海深科考绞车系统复杂环境适应性与载荷适配性等关键技术，成功研发了全海深光电缆绞车系统“海威GD11000”（图 3-10-3）。

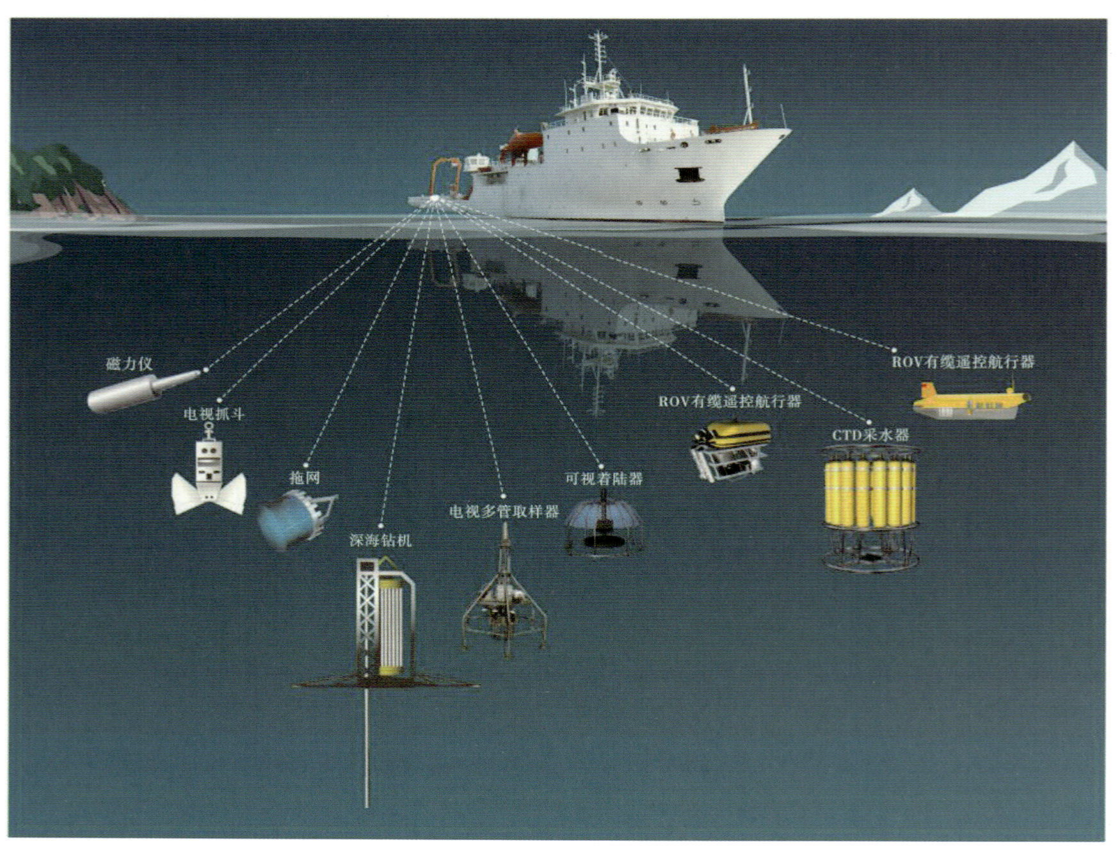

图 3-10-3　全海深光电缆绞车系统作业应用示意

“海威GD11000”是目前全球唯一一套全海深光电缆绞车系统，可在世界所有海域的最大海深处开展科考作业，且已全部实现国产，完全自主可控，打破了国外垄断。2024 年 10 月，该套系统随广州海洋地质调查局“海洋地质二号”船在我国南海完成了首个航次的深海调查任务（图 3-10-4），在作业水深大于 4 000 m 海域完成了两次深海拖曳作业，放缆长度均超过 11 000 m，最大放缆长度达 11 228.7 m；同时完成了两次 ROV 海底观察、投放标志物和取样示范应用，充分验证了国产深海绞车系统的稳定性和作业能力，获《新华网》《人民日报》《光明日报》《科技日报》等国家级主流媒体广泛报道，为我国深海资源开发利用、交通强国与海洋强国建设提供了科技支撑。

图 3-10-4 “海威 GD11000”在我国南海开展光学拖体与 ROV 作业示范应用

智慧司法数字大脑共性支撑技术研究

在国家重点研发计划“社会治理与智慧社会科技支撑（平安中国）”重点专项（2021YFC3340100）资助下，“智慧司法数字大脑共性支撑技术研究”项目面向统一司法人工智能基础设施建设、司法知识自动生成、大小模型融合的推理引擎构建等重大理论和技术问题，由人民法院信息技术服务中心牵头，联合中国司法大数据研究院、科大讯飞股份有限公司、太极计算机股份有限公司、中国政法大学、北京大学等单位开展技术攻关，建立知识自动生成机制和统一司法知识库，形成可为全国法院提供统一智能服务的司法智能推理引擎和数字法院大脑系统，与全国四级法院 129 个业务系统完成集成贯通和落地应用。

团队首次建成涵盖数据、知识、智能引擎与应用四项核心要素的数字法院大脑系统，并实现系统实体化、常态化运行，填补了司法领域空白，达到国际领先水平。团队在垂直行业统一人工智能基础建设理论和技术上取得突破性进展。基于历史数据突破了司法数联网技术，实现全国各地 182 个节点的卷宗档案大容量数据实时联网，卷宗跨层级远程调阅成功率从不足 50% 提升至 99% 以上（图 3-10-5）。基于 300 余万条高质量司法语料完成通用大模型专项训练与调优，在国内首次构建起具有 1 750 亿条参数的法律大模型。突破了大小模型协同的智能体编排技术，建立了卷宗图像、庭审音视频、文书文本等领域专用小模型与通用法律大模型相融合的一体化智能引擎，支撑庭审笔录制作时间由平均 1.5 h缩短至 30 min，信访登记效率提升 60%，语音识别模型调优效率提升 53.3%。创建了领域专用知识与大模型通用知识融合治理方法，一体化司法知识数量达 11.4 亿条，较历史数据增长 115%，知识自动生成率达 81.58%；该系统支持卷宗图像数字化识别，识别平均准确率相较于传统模式从 91.5% 提升至 94.6%，处理速度提升 3~5 倍。

图 3-10-5　智慧司法数字大脑运行态势

目前，该成果已在北京、河南、浙江、江苏等地法院完成应用示范，支撑最高人民法院面向全国发布 25 项知识服务名录，累计提供服务 43.2 亿次，为解决全国法院智能化水平不平衡、不充分等难点问题及促进审判工作现代化提供了重要支撑。

超高层建筑运行监测预警与智慧运维关键技术研发与示范

随着城市化进程的不断加快以及建筑技术的进步，高层建筑越来越多。据世界高层建筑与都市人居学会（CTBUH）统计，截至 2023 年，全球一共建成了约 30 000 座高度超过 100 m的超高层建筑，其中近 50% 位于中国。由于超高层建筑具有体量大、种类多、服役周期长、服役环境复杂等特点，其安全运维面临着诸多挑战和困难。全面提升超高层建筑智能化监测预警和全寿命周期智慧运维水平已成为国家重大需求。

在国家重点研发计划“城镇可持续发展关键技术与装备”重点专项（2022YFC3801200）资助下，深圳市城市公共安全技术研究院有限公司承担了“超高层建筑运行监测预警与智慧运维关键技术研发与示范”项目。该项目团队按照“数据汇集－技术研发－平台集成－示范应用”技术路线，针对海量数据轻量集成与多模态特征融合应用这两个关键科学问题，完成了1 061 座超高层建筑基本数据及运维安全数据的收集，建立了包含 34 839 个节点的智慧运维辅助决策知识图谱，研发了星载雷达遥感形变智能监测技术，监测形变精度达到 5 mm；试制完成了“自由飞行＋壁面行走”巡检无人机，最大抗风能力大于 10 m/s，且连续工作时间超过 4 h；开发了超高层建筑运行安全评价预警技术，对安全性事件的报警准确率超过 97%。

该项目以超高层建筑数据库平台（图 3-10-6）为基础，结合项目技术创新与装备研发，初步开发了智能识别、安全防御、数据可视的“感－识－评－预－决－控”全链条超高层建筑监测预警与智慧运维集成平台（图 3-10-7），开展了“天空地”一体化全时空、全场景、全专业应用示范。超高层建筑数据库和监测预警与智慧运维集成平台的建设突破了信息孤岛效应及海量数据轻量集成与多模态特征融合应用关键技术问题，可有效提高我国超高层建筑的监测预警能力、安全运行能力和智慧运维能力，保障超高层建筑安全、绿色、低碳、智慧运行。

图 3-10-6　超高层建筑运维数据库平台

图 3-10-7 超高层建筑结构安全与智慧运维监测预警平台

大功率动力电池智能精密测试技术研究与仪器研制

动力电池是大规模发展电动汽车和新能源储能的基石，已成为大国竞争新赛道。而测试仪器是电池研究的“先行官”、应用的“保护神”，是贯穿电池全生命周期不可或缺的国之重器，需求量大面广。然而，我国市场曾长期被欧美产品垄断，突破电池测试卡脖子技术，实现国产化成为重大急需。

在自然科学基金委（国家重大科研仪器研制项目 61527809）和国家重点研发计划“基础科研条件与重大科学仪器设备研发”重点专项（2022YFF0712700）资助下，山东大学团队创新突破，针对测试过程特有的正反向电流瞬态切换等极端工况要求，揭示了测试激励电流对电池动力学特性的影响机理，创建了电池“快速精准激励-智能建模估计”一体化测试方法体系（图 3-10-8），解决了电池健康状态、剩余寿命等性能参数快速精准测取的公认难题，实现了测试智能化；发明了大功率高频高效激励电源与快速控制技术，攻克了千安级激励电流快速无超调正反向切换控制难题，实现了测试精密化。团队成功研制了国际首台大功率高频化电池智能精密测试仪器。国际权威检测机构上海电器设备检测所等测试表明，该仪器切换时间、纹波、效率、精度等主要性能指标处于国际领先，性能测评功能填补了国际空白，引领了国际电池测试前沿技术变革和发展潮流。

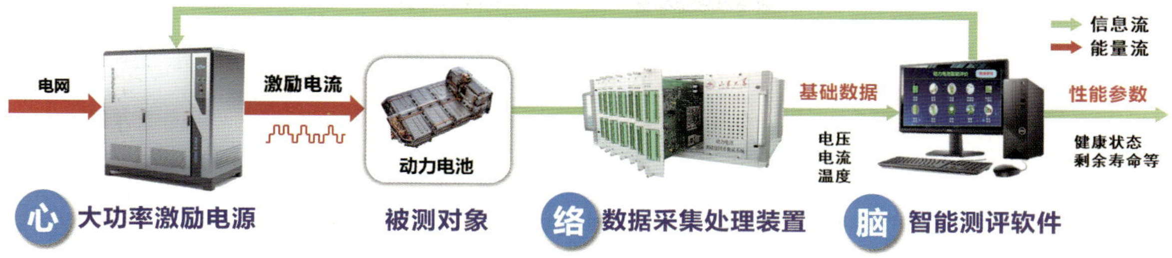

图 3-10-8 动力电池测试原理流程图

在研究成果的基础上，团队与德普电气等龙头企业联合研制了电池测试仪器系列新产品，销往全国 30 多个省（市），并出口美国、德国、印度、墨西哥等国，备受认可和赞誉。例如，新能源领军企业比亚迪一年内采购该产品 300 台（套），用于电池研发、制造和应用等各环节（图 3-10-9），称其为“电池测试领域的重大里程碑”；中国检验认证集团等国内外权威检测机构应用后认为其“树立了电池测评行业新标杆”。

该项目成果实现了我国电池测试技术与装备从跟随到引领、从引进到出口的重大跨越，带动了动力电池产业链集群突破和高质量发展，获 2023 年度国家科技进步奖二等奖。

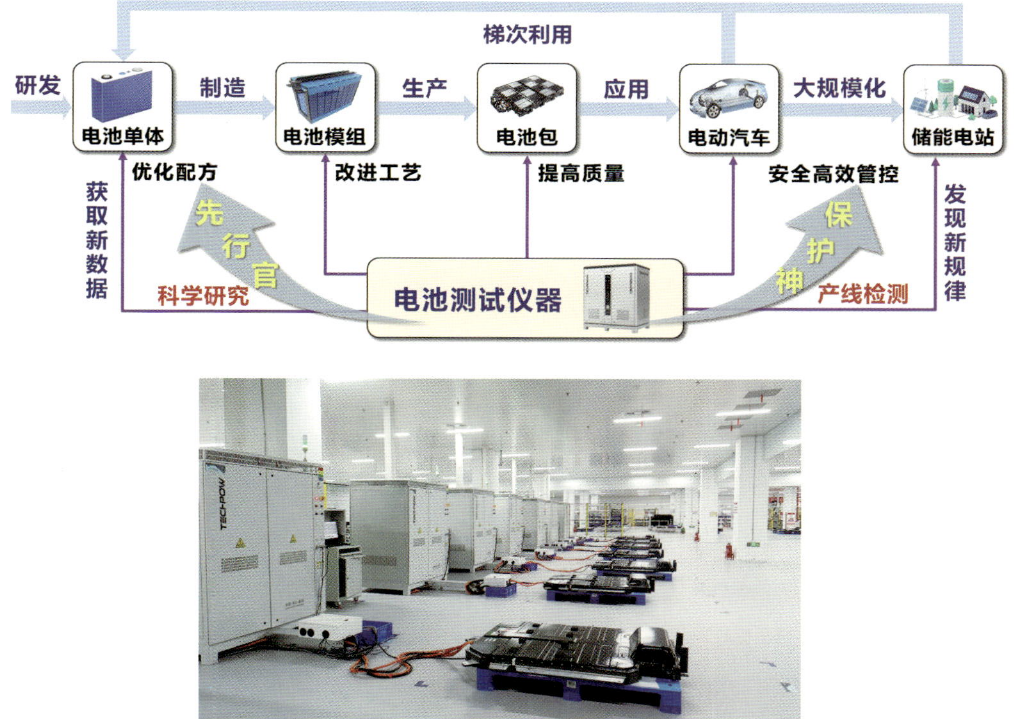

图 3-10-9 仪器支撑动力电池全产业链发展示意和应用现场

十一、高技术研究发展中心

光学晶体设计的转角相位匹配新理论及全新类型光学晶体制备

光学晶体是激光技术的“心脏”，是实现激光频率转换、脉冲压缩、数据加密、信息处理等功能的核心元件。1962 年，美国哈佛大学学者乔德梅恩（Giordmaine）和诺贝尔奖得主布隆伯根（Bloembergen）等人提出了非线性参量过程中的双折射相位匹配和周期性极化准相位匹配两种理论，直接指导了光学晶体未来 60 年的研发制备，并带动了深紫外、超快和超高功率激光器等技术的飞速发展。然而，现有晶体已很难满足激光器小型化、高集成、功能化的发展新要求，新一代激光技术的发展亟待光学晶体理论和材料的创新突破。

在自然科学基金委（国家杰出青年科学基金项目 52025023、国家重点研发计划重点专项 2022YFA1403500）资助下，北京大学团队首创了全新相位匹配概念——转角相位匹配理论（图 3-11-1），并制备了一种全新类型光学晶体——转角菱方氮化硼光学晶体，开辟了光学晶体领域新的设计理论和材料体系。该晶体“薄如蝉翼”，仅有微米量级厚度，是世界上已知最薄的光学晶体，能效相较于传统晶体提升了 100~10 000 倍。这种二维材料光学晶体的理论突破与材料制备具有鲜明的首创性。原子层材料光学晶体的研发将极大地推动我国新一代集成化激光技术的发展，未来非常有望在深紫外激光器、微纳加工技术、微型化激光通信系统、集成量子光学芯片等领域发挥重要作用。

2024 年，“驾驭激光的利器－转角氮化硼光学晶体原创理论与材料”入选中关村论坛年会十大重大科技成果，被评选组委会认为是“非线性光学理论 60 年来重大突破”。

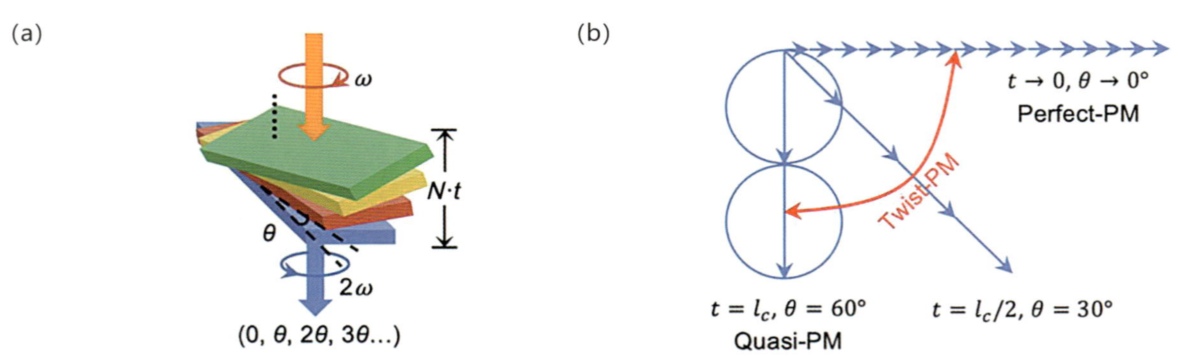

图 3-11-1　转角相位匹配理论及转角光学晶体设计

金属材料强韧化研究

兼具高强度与高韧性的金属结构材料是国家重大工程、航空航天、海洋工程等领域战略性装备的重要保证。但金属材料普遍存在强度与韧性相互制约的倒置矛盾关系，严重限制了金属材料的工业应用。近年来研究提出的体心立方难熔多主元合金，在室温至高温的宽温域范围展示出了超高强度，是一种工程化应用潜力巨大的金属结构材料，但仍存在室温拉伸韧性差这一致命缺陷。研究者以屈服强度降低为代价，通过显微结构设计提高了该合金的拉伸韧性，但仍未从根本上打破“强度－韧性倒置矛盾”。最关键的问题是，目前多主元合金设计大多依赖试错法，缺乏科学有效的合金设计准则为设计兼具高强度和高韧性的合金提供理论保证。

在自然科学基金委（国家重点研发计划“纳米前沿”重点专项 2021YFA1200200）资助下，北京工业大学团队提出了“负焓合金化”（图 3-11-2）的新学术思想，并成功应用于高性能合金设计。团队提出了降低固溶体的混合焓以提升原子间的键合力，及引入化学亲和性差异从而提高合金的强度及韧性的新学术方向，并揭示了其机理：具有负混合焓的原子在晶粒内部形成跨尺度异质结构，阻碍位错的运动，促进多系滑移和交叉滑移的运动，从而使应变强化率在大应变范围内保持高水平。新理念弥补了传统细晶强化带来的韧性损失，解决了材料强度与韧性不可兼得的难题，并在不同结构的多主元合金中得到了证实。团队基于“负焓合金化”设计准则成功研制出兼具高屈服强度（约 1 390 MPa）和高韧性（均匀延伸率达 20% 左右）的新型合金，其强韧性协同效果远超同类合金。

相关成果以“Negative mixing enthalpy solid solutions deliver high strength and ductility”为题发表在*Nature*上，为设计兼具高强度和高韧性的合金提出了一种新学术方向和理论基础（图 3-11-3），这一突破性进展也为打破金属材料“强度－韧性倒置矛盾”提供了新思路，有望推动我国高强韧合金的发展。

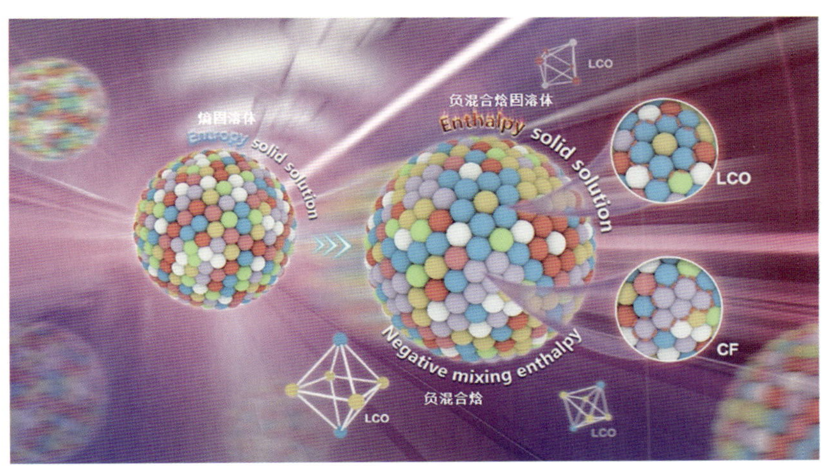

图 3-11-2　负混合焓合金化诱导局部化学成分波动及有序结构

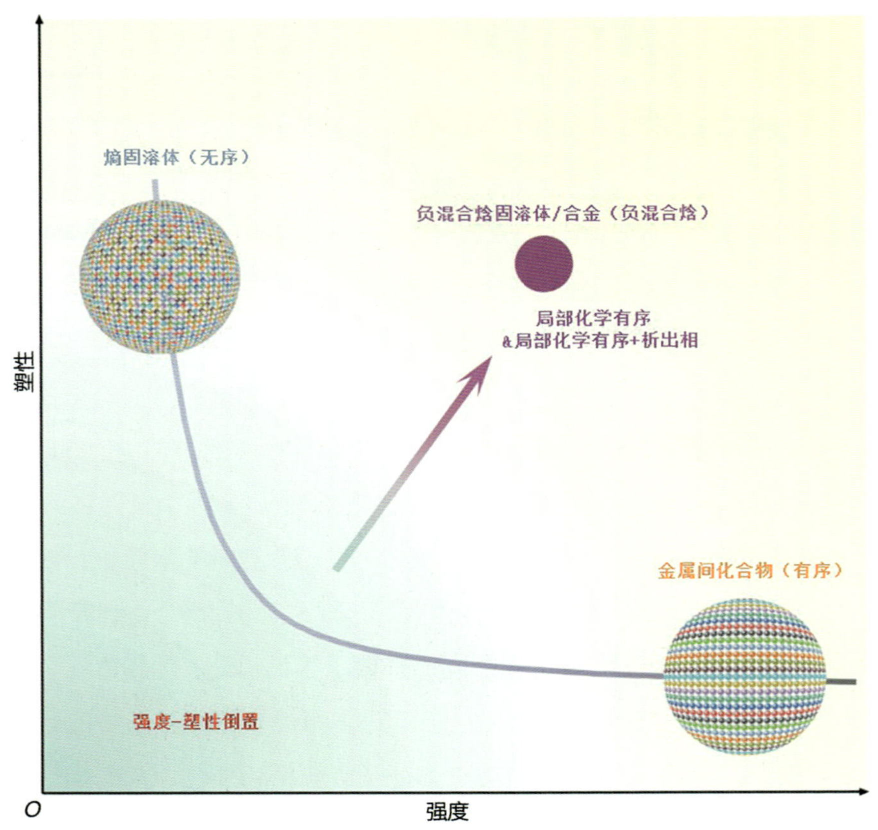

图 3-11-3　负混合焓固溶体 / 合金强韧化策略，获得高强韧协同效果

认知大模型的关键技术及应用研究

大模型作为ChatGPT等生成式人工智能技术产品的核心技术基座，正在快速影响产业格局，甚至会成为全新的用户交互方式，形成舆论引导、社会治理、信息服务等方面的不对称优势。

在新一代人工智能国家科技重大专项（2022ZD0118600）资助下，清华大学牵头承担了“认知大模型的关键技术研究”项目，北京智谱华章科技有限公司等单位共同参与。团队在新型大语言模型训练架构、基于认知的多模态理解和生成大模型以及自主智能体构建等核心技术领域独辟蹊径，开展了从理论技术到应用的全链条研究，建立了新一代认知大模型技术体系，研发了全栈自主的GLM系列模型（图 3-11-4）。

该研究基于全自研自回归填空的预训练架构GLM，实现了模型训练的国产化芯片适配与无损量化，模型适配 40 余款国产芯片；研发了国内首个基于混合指令微调的智能体模型GLM-4，实现了大模型的复杂任务自主理解、指令规划、工具调用；提出国内首个中英双语多模态理解大模型CogVLM，在 10 个国际跨模态基准评测中排名第一；研发基于高分辨率交叉注意力的多模态智能体大模型CogAgent，在 9 个国际测评任务中得分第一。

系列大模型产品在万余家单位实现规模化应用，支撑金融、教育等 20 余个行业。开发的生成式人工智能助手“智谱清言”（图 3-11-5）已服务近 2 000 万用户。开源ChatGLM等 20 余款模型累计获超 7 万GitHub星标，全球下载次数超过 1 700 万，并作为优秀国产大模型代表获*Nature*报道。团队入选国际开源社区Hugging Face全球点赞数最高的 15 大AI机构前五（国内唯一上榜）。

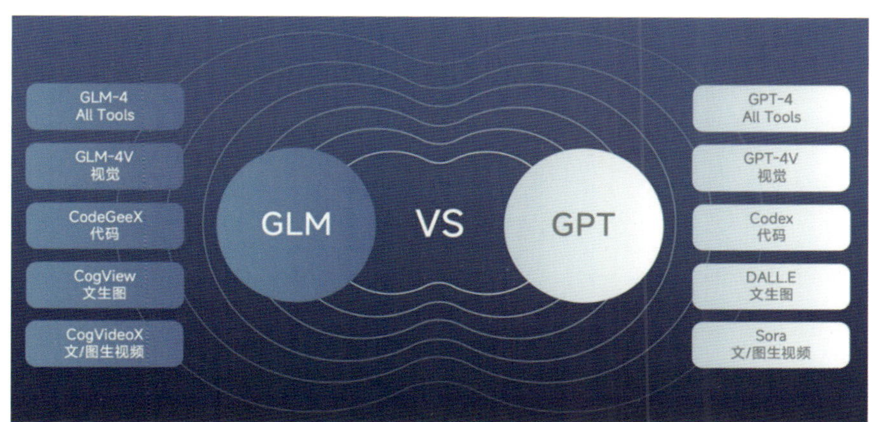

图 3-11-4　GLM 系列模型与国际主流模型

图 3-11-5　“智谱清言”及相关功能页面

基于大数据驱动的超大型集装箱码头智能化作业管控技术研究

港口是国家经济社会发展及参与全球竞争与合作的关键基础设施，高效韧性的世界一流港口是“一带一路”倡议和交通强国建设等国家战略实施的重要保障。被誉为自动化码头“大脑”的作业管控系统的高度智能化，是港口领域前沿科技的制高点。在国家重点研发计划重点专项（2019YFB1704400）“基于大数据驱动的超大型集装箱码头智能化作业管控技术”项目资助下，上港集团联合多家单位，开展了算法模型、系统研发等核心技术攻关，解决了超大型集装箱码头作业协同优化与智能决策这一核心问题，取得了多项位居世界前列的成果（图 3-11-6）。

相关成果简介如下。

（1）业务-数据双驱动的智能调度方法：建立了超大型自动化集装箱码头集成调度时空动态演化网络模型，设计了业务与数据双驱动的调度规则自进化机制，构造了 20 余种具有全局视野的调度基础规则，研发了覆盖码头全作业场景的调度算法。

（2）面向超大型集装箱码头智能管控的数物融合技术：突破了码头全域设备与业务一体化的数字孪生高保真建模和全集数据无缝交互引擎技术，设计了智能算法可替换可插拔的融合机制及评价体系，研发了多维度全流程数字孪生系统，实现了全过程不同阶段不同算法执行过程的全局效果评价，支撑智能管控系统持续迭代优化升级。

（3）新一代自动化集装箱码头智能管控系统：设计了智能管控系统全域融合架构，创建了高可靠、高并发、可扩展的计算任务智能调度基础平台，研发了具有完全自主知识产权的自动化集装箱码头智能管控系统，各项核心指标全面超越国外主流产品。

项目成果全面支持了洋山四期自动化码头年吞吐量超 680 万标准箱的高效运营，较项目立项之初提升 1 倍有余，全员劳动生产效率提升 52.86%。有效推进了大数据、人工智能同港口实体经济的深度融合，实现了我国自动化集装箱码头管控技术及相关产业链的自主可控，消除了我国港口高质量发展的“卡脖子”风险。项目成果在以色列海法新港的应用，开创了我国向发达国家输出港口先进技术的先例，成为支撑国家战略实施的硬核力量。

相关成果以“Optimization for integrated scheduling of intelligent handling equipment with bidirectional flows and limited buffers at automated container terminals”为题，发表在*Computer & Operations Research* 上。

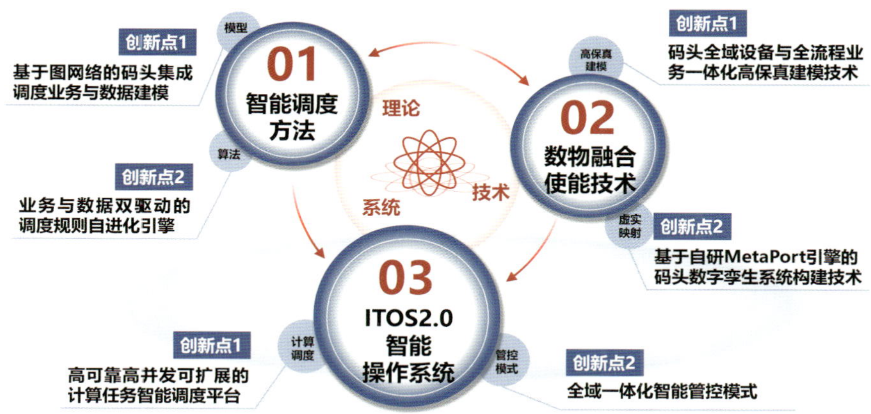

（a）新一代自动化码头智能管控系统成果构成及技术体系

（b）新一代超大型自动化集装箱码头智能管控系统

图 3-11-6　新一代自动化码头智能管控系统突出成果

可再生能源电解制氢－低温低压合成氨关键技术及应用

全球风、光等可再生能源快速发展，以“绿电－绿氢－绿氨”为技术路径的“零碳氨储能”是实现“双碳”目标、建设国家新型能源体系的迫切需求。开发适应可再生能源电力的新型高效低温低压合成催化剂及其成套工艺技术是实现绿色合成氨技术的关键。

在国家重点研发计划“氢能技术”重点专项（2021YFB4000400）资助下，福州大学团队与合作者在低温低压合成氨催化剂及其绿氨合成工艺技术方面取得了进展，率先实现了绿氨合成技术“反应机制－催化剂－工艺包”全链条突破创新。

在反应机制研究方面，团队针对低温低压合成氨存在的科学难题——N_2 的吸附解离能和 $N-H_x$ 的吸附能之间的限制性关系，设计开发新型催化剂（图 3-11-7），解耦了限制性关系，实现了在更低温度和压力下高效合成氨，为发展变革性合成氨技术提供了重要理论基础。该成果有利于提高人们对合成氨反应机制的认识，对开发温和条件下高效合成氨催化剂具有重要的指导意义。

基于新机理认识，团队研制出了高性能钌（Ru）基合成氨催化剂，并建成年产百吨级催化剂生产线（图 3-11-8）。批量制备的催化剂经耐热实验后，在 6.8 MPa、390 ℃、10 000 h^{-1} 条件下出口氨产率可达 15.8%，达到国际领先水平。基于新催化剂，团队开发出万吨级“可再生能源电解制氢－低温低压合成氨”工艺包（图 3-11-8），可实现合成氨系统操作压力≤ 7.0 MPa、出口温度≤ 395 ℃、氨净值≥ 15.0% 的性能指标，运行负荷在 40%~120% 可调，并可实现电解制氢与低温低压合成氨的柔性调控。相较于国际著名的合成氨技术供应商开发的绿氨工艺包，该工艺包可在保证同等氨产率的前提下大幅度降低超 40% 的合成氨压力，显著降低合成氨能耗，且更加适应可再生能源电力的间歇波动。团队后续将在 2025 年建设我国首套万吨级“可再生能源电解制氢－低温低压合成氨”装置，有望抢占绿氨储能技术的制高点，引领并驱动我国万亿级“零碳”氨氢能源循环经济的发展。

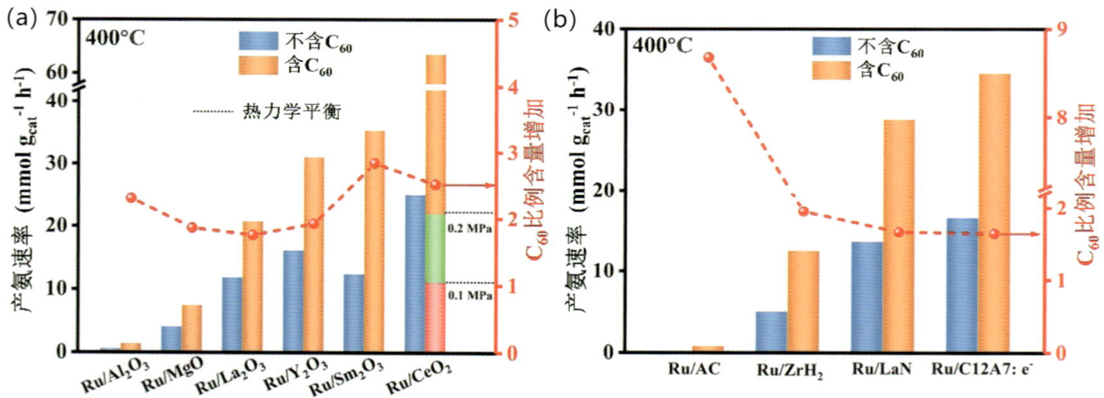

图 3-11-7　不同 Ru 基催化剂在添加和不添加 C_{60} 情况下的催化性能

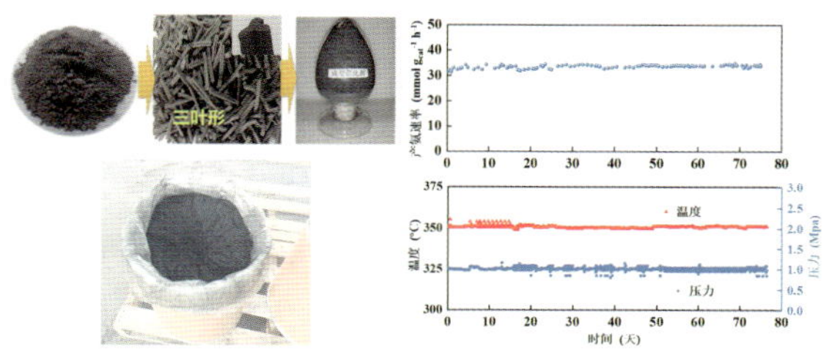

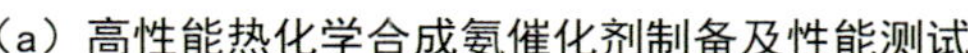
（a）高性能热化学合成氨催化剂制备及性能测试

（b）高效热化学合成氨催化剂百吨级生产线

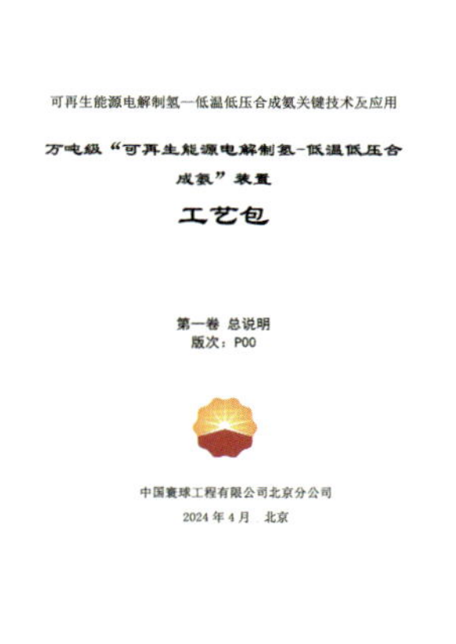
可再生能源电解制氢—低温低压合成氨关键技术及应用

万吨级“可再生能源电解制氢-低温低压合成氨”装置

工艺包

第一卷 总说明

版次：P00

中国寰球工程有限公司北京分公司

2024 年 4 月 北京

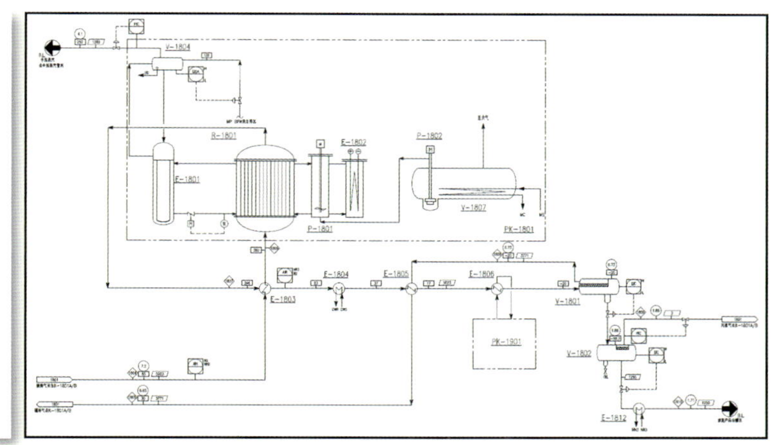
（c）电解制氢 – 低温低压合成氨工艺包

图 3-11-8 低温低压合成氨关键催化剂生产线建设及万吨级“可再生能源电解制氢 – 低温低压合成氨”工艺包设计开发

基于异构 AI 智能体的复杂系统服务效能优化理论及应用研究

现代服务业已成为国民经济第一大产业，催生了大量新质生产力，衍生出众多由异构智能主体分工协作的服务系统。这些服务系统呈现出规模庞大、智能异构、协作复杂的特征，且其运行需要综合服务供应侧与需求侧。从服务效能视角探究其运行规律，既要保证高效率运行，又要防止整个系统陷入无效产出的怪圈。

在国家重点研发计划“文化科技与现代服务业”重点专项（2021YFF0900800）资助下，山东大学团队联合清华大学、天津大学、中央财经大学等单位，针对大规模异构智能服务系统服务效能难度量、难评估、难优化的问题，建立了熵值融合的服务效能度量模型，构建了融合非线性价值熵、动态结构熵和异构智能熵的多维度量指标体系，采用混合动力学网络结构方程，建立了智能水平与服务效能间的复杂关联，成功揭示了高智低效、低智高效等众智涌现规律；提出了生成式多智能体实验与推演相融合的服务效能因素分析方法，有效揭示了面向价值熵协同进化的多智能体网络服务效能影响因素及其影响机理；构建了面向异构智能的服务效能博弈调控理论，提出了诱导与调控融合的服务效能优化策略和工具，实现了复杂服务系统的“互联－同步－诊断－跟踪－优化”一体化（图 3-11-9）。集成系列创新性成果，研发了面向定制化场景的服务效能优化平台，并在 5G 自治网络、鸿蒙生态、数据要素流通等领域进行了应用验证，平台可以提供服务效能运行监控、仿真模拟和优化保障，为促进现代服务业的健康快速发展奠定了基础。相关成果为华为鸿蒙生态 APP 组合优化策略提供多项建议；为百姓构造“无感智办”跨域政务服务 200 多项，有效提升了鸿蒙生态和政务服务的效能，整体经济社会效益巨大。

图 3-11-9　服务效能优化理论体系

第四部分

国际（地区）合作与交流

NSFC

一、扩大国际（地区）交流与合作

2024 年，自然科学基金委紧密围绕服务国家外交大局和助力科技自立自强两条主线，发挥科学基金国际通行优势，继续扩大国际（地区）交流合作，与 55 个境外机构开展项目联合资助、联合举办学术交流活动、举行高层对话研讨等活动。新签合作协议 2 项，加入多边组织 1 项，续签合作协议 11 项，目前已与 54 个国家（地区）的 106 个资助机构或国际组织建立合作关系，科学基金国际影响力进一步提升。

一是发挥独特优势，积极融入全球创新网络。落实中美元首重要共识，官民并举，稳妥开展对美交流互访及联合资助，总体态势稳中有进。与澳大利亚、新西兰有关机构分别达成共同促进中澳、中新科学界交流的合作意向。构建对欧全面均衡格局并取得新突破，与部分重点国家资助机构即将重启联合资助。与意大利、白俄罗斯、西班牙等的合作成果为国家领导人外交会晤提供重要支撑。联合科学欧洲举办第四届中欧基础科学战略对话，主题聚焦数据跨境传输及人才培养。窦贤康主任接受*Nature*杂志采访，介绍科学基金改革进展和成效，取得良好反响。夯实对亚非合作，强化中日韩区域领导力，围绕合成生物学开展研讨与联合资助，维持东北亚科学合作热度。深化拓展与周边及“一带一路”共建国家交流合作。充分利用国际组织平台，以多边促双边。窦贤康主任率团参加全球研究理事会年会，与十几个国家的资助机构举行会谈，取得重要实质性成果。在京举办 2024 年度全球研究理事会亚太区域会议，邀请亚太地区 13 个国家科研资助机构的高层代表围绕“人工智能时代的研究管理”和“合作共创应对全球挑战”开展研讨。深化与国际应用系统分析学会、贝尔蒙特论坛、金砖国家等的合作。推进港澳融入国家科创大局，委领导率团赴港澳调研，促进“三青项目”及重点研发计划等逐步向港澳开放。与香港研资局、澳门科技发展基金投入规模进一步扩大，共同建立青年论坛、前沿论坛等活动机制。稳步推进中德中心职能转型，举办系列战略交流活动，遴选优秀博士及本科生参加林岛大会。成功召开第 27 届中德联委会，谋划未来中德科学中心定位。

二是推动高层互访活动，增进国际交流共识。委领导 11 次率团出访美、荷、芬、挪、奥、比、波、俄、塞、瑞士、韩、澳、新等 13 国及联合国环境署、港澳地区。接待美、巴、智、德、英、西、瑞典等国家及港澳地区机构高层来访 36 次。高层互访极大推动了双（多）边务实合作，促成与 10 余个境外资助机构重启或恢复联合资助或学术交流等。

三是构筑基础研究国际合作平台，开展全球联合资助。与美、英、法、日、韩、金砖国家等 23 个国家和地区的 31 个资助机构及国际组织、港澳地区机构等开展联合资助，推动“一带一路”可持续发展国际合作科学计划实施。2024 年共计接收组织间国际合作项目申请 4 932 项，较 2023 年增长 31.8%，资助 706 项，经费 4.79 亿元。资助 100 余名青年人才或学生赴发达国家学习交流。资助重点（国际）地区合作研究项目 87 项，总经费 2.06 亿元。

二、扎实推进面向全球的科学研究基金资助工作

在前期外国学者研究基金项目试点的基础上，进一步明确面向全球的科学研究基金资助导向，完善资助体系，优化资助机制，增设三个亚类项目，形成资助“个人－团队－组织”的新格局。一是与教育部联合启动实施外籍优秀学生来华读博支持专项（试点）项目，面向全球吸引外国优秀青年科技人才来华攻读博士学位，构筑集聚国内外优秀人才的科研创新高地；二是设立合作创新研究团队项目，吸引和支持具有深厚学术造诣和重要国际学术影响力的外籍优秀学术带头人在华组建和带领研究团队，开展创新性基础研究和应用基础研究，促进在华开展科研合作，培养和造就在世界科学前沿占有一席之地的研究团队；三是设立依托国内外大科学计划、大科学工程、大科学设施、大科学装置和国际科学组织开展有组织的国际合作研究与交流；四是持续扩大外国学者研究基金项目资助规模，采用全英文申请评审，提升外国学者申请该类项目的便利性。2024 年，面向全球的科学研究基金项目共计资助 74 项，直接经费 19 363 万元，外国学者研究基金项目共计资助 315 项，直接经费 19 882 万元。

三、深入开展可持续发展领域国际合作，不断拓展合作广度和深度

继续牵头联合国气候变化框架公约（UNFCCC）技术议题谈判并担任“77 国集团＋中国”协调员。参加政府间气候变化专门委员会（IPCC）第 61 次全会，支撑有关报告大纲的审议和磋商。围绕可持续发展及全球挑战领域，与美能源部深入磋商，成功举办 6 次中美碳捕集、利用与封存（CCUS）技术合作研讨会，促成《中美碳管理合作备忘录》签署，深化中美气候变化“二轨”对话机制。积极参与以绿色低碳技术创新为重点的部长级多边机制，参加第 15 届清洁能源部长级会议（CEM）、第 9 届创新使命部长级会议（MI），推动我国加入 MI 碳移除（CDR）使命，持续深化全球碳捕集与封存研究院（GCCSI）、国际能源署（IEA）合作，参与亚太全球变化研究网络（APN）活动。落实元首会晤成果，推进“中法碳中和中心”建设，推动中欧旗舰计划续签。积极推动海洋极地领域科技交流合作，获批成为国际海底管理局观察员机构，推动“金砖国家深海资源国际研究中心”建立和中国大洋钻探国际合作。持续打造可持续发展南南合作平台，支撑第二届“一带一路”科技交流大会筹备工作，牵头推进“一带一路”可持续发展技术专项合作计划实施，履行国别代表处职责并参与推进联合国亚太技术转移中心（APCTT）相关工作。

四、典型成果

人为气候变化已影响全球河川径流季节性变化

河川径流作为水循环的重要环节，对人类社会和生态系统具有关键影响。它不仅为人类提供淡水资源，还影响洪水灾害的发生，在维持生物多样性方面也发挥着重要作用。然而，河川径流的演变机制复杂，受大气、海洋和陆地多重因素共同调控，加之长期高质量观测数据匮乏，目前学术界尚未全面认识全球河川径流季节性变化及其驱动机制。全球气候变化对河川径流的整体影响仍存在研究空白。

在自然科学基金委［国际（地区）合作与交流项目 42361144001］“气候变化对澜湄流域水－粮－能耦合系统的影响机制研究”项目资助下，南方科技大学、华北水利水电大学、英国利兹大学和瑞士苏黎世联邦理工学院等单位合作研究，探讨了气候变化对全球河川径流季节性变化的影响机制。研究基于 1965—2014 年全球 10 120 个水文站点的月河川径流数据，采用分配熵方法评估河川径流季节性的空间分布和历史演变趋势。结果显示，约 21% 的水文站点（2 134 个）存在显著季节性变化，特别是在北半球高纬度地区，呈现显著的季节性减弱趋势。团队进一步通过斯皮尔曼相关性检验和最优指纹法进行归因分析（图 4-1-1），量化了人为气候变化对该区域河川径流季节性变化的主导作用，指出全球变暖是主要驱动因素，升温引发早期融雪、冰川退缩和永久冻土消融，显著改变了径流的季节性特征，而降水的作用相对较小。

该研究首次揭示了全球河川径流季节性变化的空间格局与历史趋势，明确了北半球高纬度地区季节性减弱的特征，并创新性地量化了人为气候变化的驱动作用。研究成果为绘制气候变化对全球河川径流综合影响的全景图提供了重要的科学证据和关键数据支持。

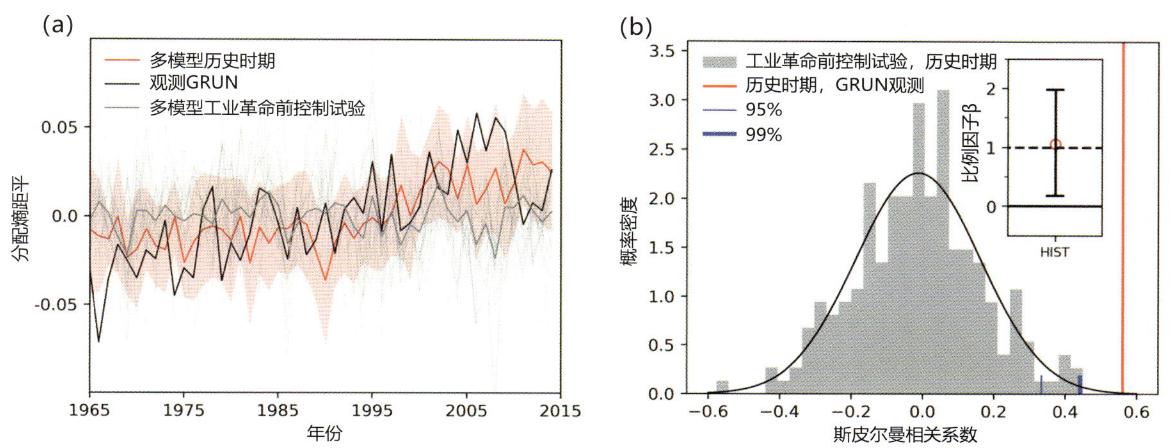

图 4-1-1　1965—2014 年北半球高纬度地区（纬度 50°N 及以上）分配熵趋势的比较与归因分析

该研究为气候变化背景下的水资源管理和生态系统保护提供了理论依据。在全球变暖趋势下，河川径流季节性减弱的潜在影响将持续增强。该研究不仅为预测气候变化对水资源分布的影响提供了依据，还为制定科学的水资源管理和生态保护策略提供了重要指导，确保了政策的前瞻性和适应性。

相关成果以“Anthropogenic climate change has influenced global river flow seasonality”为题发表在*Science*上。

光子－声子联动催化实现高效甲烷制甲醛的研究

在自然科学基金委（外国资深学者研究基金项目 22250710677）资助下，清华大学唐军旺（Tang Junwang）教授团队与北京林业大学张天雨副教授、英国伦敦大学学院兰阳（Yang Lan）教授合作，提出并实现了一种光子－声子联动催化策略，成功在温和条件下将甲烷氧化为甲醛，实现了前所未有的高产率和高选择性。相关成果以“Efficient methane oxidation to formaldehyde via photon－phonon cascade catalysis”为题，于 2024 年 7 月 18 日发表在*Nature Sustainability*上。

甲烷是天然气和可燃冰的主要成分，在地球上储量丰富，是重要的化工原料。然而，现有工业过程通常需在高温高压条件下将甲烷转化为高价值化学品（如甲醛），不仅能耗巨大，还面临选择性和反应效率的瓶颈。开发一种温和、高效的甲烷转化绿色路径，不仅能提升化石原料的经济利用率，还能显著减少温室气体排放，是实现低碳化石资源利用的核心科学问题。

针对这一挑战，团队特别研发了联动催化的新路径（图 4-1-2）。首先制备了钌（Ru）单原子负载的氧化锌催化剂，作为高效电子受体有效地促进氧气的还原；同时利用甲烷经光催化与水反应选择性地生成过氧化甲基中间体；进一步通过声子驱动热催化将该中间体 100% 分解生成最终产物甲醛。研究首次揭示了光催化与热催化联动过程的高效协同机制，实现了反应条件的显著温和化（温度和压力远低于传统工业条件）。该联动催化路径有效避免了高温高压条件下碳氢键过度活化所导致的副产物生成，展现了光子－声子协同的绿色催化过程和资源高效利用的技术潜力。

该研究不仅为低碳能源转化提供了新的科学基础，也为催化剂设计和反应路径优化开辟了新的研究方向。这种联动催化新路径具有高选择性、低能耗和绿色低碳的特点，为甲醛的可持续生产提供了全新途径，具有潜在的工业推广价值。通过该路径实现甲烷高效转化，不仅有助于减少化石燃料高值化中的碳足迹，还为清洁化学品生产提供了新的技术储备。该研究展示了国际合作攻克科学难题的可能性和高效性，为推动化石资源的绿色利用提供了重要的科学支持。

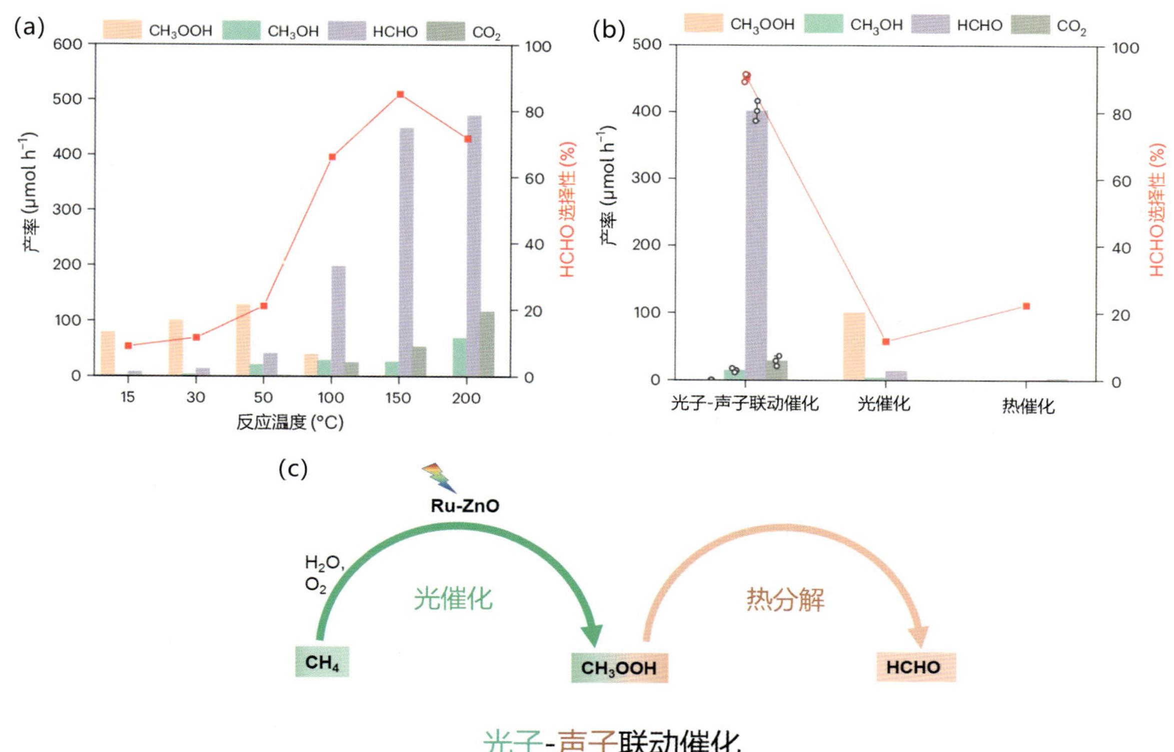

注:（a）不同反应温度下光子－声子联动催化氧化甲烷为甲醛的产率和选择性;（b）光子－声子联动催化甲烷转化相较于纯热催化或纯光催化显示出巨大优势;（c）高效光热光子－声子协同催化甲烷氧化为甲醛的机理。

图 4-1-2　光子－声子联动催化研究

刚柔相济晶体膜的研究

高结晶度材料的机械物理性能主要取决于其缺陷结构，缺陷特别是晶界缺陷严重破坏高结晶度材料的机械物理性能，而天然与合成晶态材料通常为多晶，故晶态材料机械强度通常不高且易碎裂。同时，与各种材料一样，晶态材料刚性与韧性难以兼得，同步增强刚性和韧性并改善脆性是晶态材料领域一直面临的科学和工程难题。

为解决上述难题，在自然科学基金委［国际（地区）合作与交流项目 52061135103、面上项目 51873236］的资助下，中山大学郑治坤教授与德国比勒菲尔德大学阿尔敏·戈尔茨豪泽（Armin Gölzhäuser）教授、乌尔姆大学乌特·凯泽（Ute Kaiser）及德累斯顿工业大学斯特凡·曼斯菲尔德（Stefan Mannsfeld）教授合作，通过构建全新晶界－编织晶界，获得了高机械强度的全结晶聚合物膜。相关成果以“Elastic films of single-crystal two-dimensional covalent organic frameworks”为题，于 2024 年 6 月 27 日发表在*Nature* 上。

鉴于制品可通过编织增强机械强度，且编织结构广泛存在于非晶聚合物中，团队通过引入牺牲性非晶聚合物组分的方式，以非晶聚合物组分为“梭”，利用其自发缠绕、穿插的特性，编织全结晶聚合物膜，形成编织晶界（图 4-1-3）。团队通过聚合网络提高刚性，利用晶界处编织结构的滑动耗散能量增强韧性，所制备的全结晶聚合物膜机械强度和断裂强度高，其抗压性能接近致密材料铝合金。该材料受力冲击断裂时，力学损伤被限制在受力集中点，裂纹不扩展，裂纹附近膜的机械性能与断裂前保持一致。而对于一般全结晶材料，裂纹一旦形成便会迅速蔓延，从而对机械性能造成严重影响（图 4-1-4）。此外，研究所得的全结晶聚合膜耐搓揉，这是目前其他全结晶材料难以实现的机械性能。

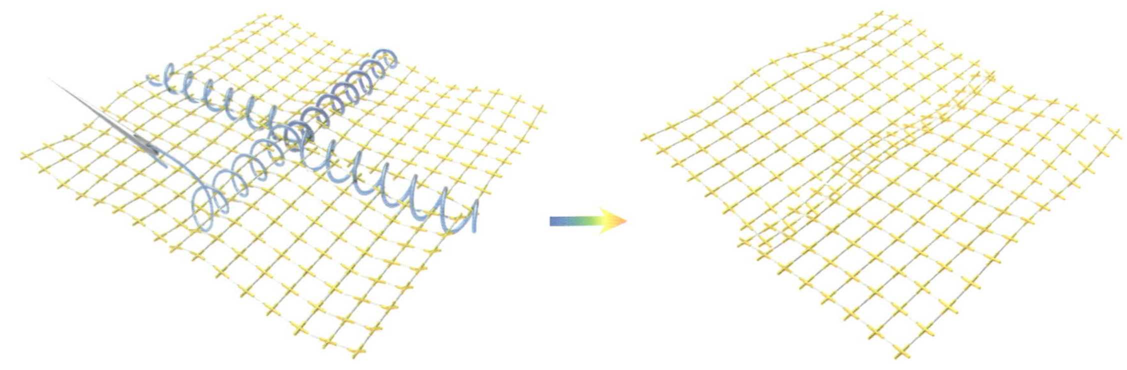

图 4-1-3　编织晶界合成示意

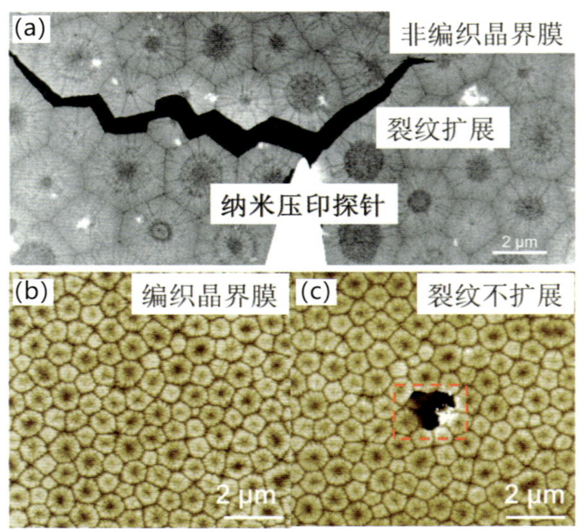

注：（a）非编织晶界全结晶聚合物膜受力断裂形貌；（b）编织晶界聚合物膜受力断裂前形貌；（c）编织晶界聚合物膜受力断裂后形貌。

图 4-1-4　非编织及编织晶界聚合物膜受力断裂形貌

该工作为全结晶材料在柔性器件和分离膜领域的应用奠定了基础。柔性晶体材料可用于生产柔性芯片、柔性显示器、柔性电池、柔性传感器等；膜分离技术则已普遍用于化工、环保、能源、生物工程等领域。相较于传统的膜分离技术，全结晶聚合物膜由于规整度高，有望以更高效率分离出更高纯度的物质，特别是在化工中间体精准分离、高纯电子化学品及药物中间体纯化等传统分离膜难以应用的高附加值领域发挥重大作用。

DNA 复制机器回收亲代组蛋白分子机制的研究

真核生物的DNA 以染色质形式存在，其基本单位是DNA 缠绕组蛋白八聚体形成的核小体。在DNA 复制过程中，复制体复合物必须先解组装亲代核小体，打开双链DNA 进行复制，随后回收解聚的组蛋白并重新组装到子链DNA 上，形成新生核小体。组蛋白翻译后修饰是表观遗传信息的重要组成部分，因此DNA 复制偶联的核小体解组装与重新组装过程也是表观遗传记忆维持的分子基础。多种因子，如组蛋白分子伴侣（FACT）、复制叉保护复合物（FPC）等可能参与这一偶联过程，但其具体的分子机制尚不清楚，这限制了我们对表观遗传信息传递、DNA 复制调控及相关疾病机制的深入理解。

在自然科学基金委［国际（地区）合作研究项目 32321163647］的资助下，北京大学高宁教授、李晴教授与香港大学翟元梁教授、美国康奈尔大学戴碧瓘教授合作，对酵母内源复制体进行了结构和机制解析，成功捕获了DNA 复制偶联的核小体解组装与组蛋白回收的关键中间状态，阐释了亲代组蛋白回收的关键分子机制。相关成果以“Parental histone transfer caught at the replication fork”为题，于 2024 年 6 月发表在*Nature* 上。

团队从真核模式生物酿酒酵母中纯化出内源复制体，利用冷冻电镜（cryo-EM）对其结构进行了深入的解析。在众多复制体的构象状态中，分离出一类结合FACT、FPC以及组蛋白六聚体[(H3-H4)$_2$-(H2A-H2B)]的复制体复合物，获得了其 3.5Å（埃）的高精度结构（图 4-1-5）。结构显示，这一组蛋白六聚体是亲代核小体解组装后的亚复合物，亲代DNA 已完全剥离，同时一个H2A-H2B 二聚体已解离（图 4-1-6）。FACT的Spt16 亚基、复制解旋酶Mcm2 亚基和FPC的Tof1 亚基共同作为分子伴侣，结合于解离DNA 和H2A-H2B 后暴露的组蛋白界面，以稳定组蛋白六聚体的结构［图 4-1-6（c—f）］。此外，Mcm2 和Tof1 紧密互作，使组蛋白六聚体定位到复制叉前端，从而靠近滞后链DNA 聚合酶的结合区域（图 4-1-5）。进一步地，团队采用新生DNA 测序eSPAN技术证明了这一互作在组蛋白回收和递送至新生滞后链DNA 过程中的重要性。

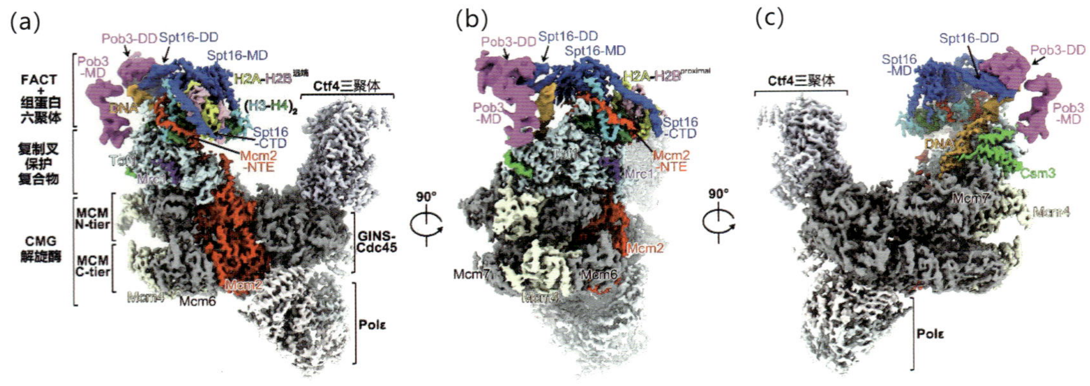

图 4-1-5　酵母内源复制体复合物的冷冻电镜结构

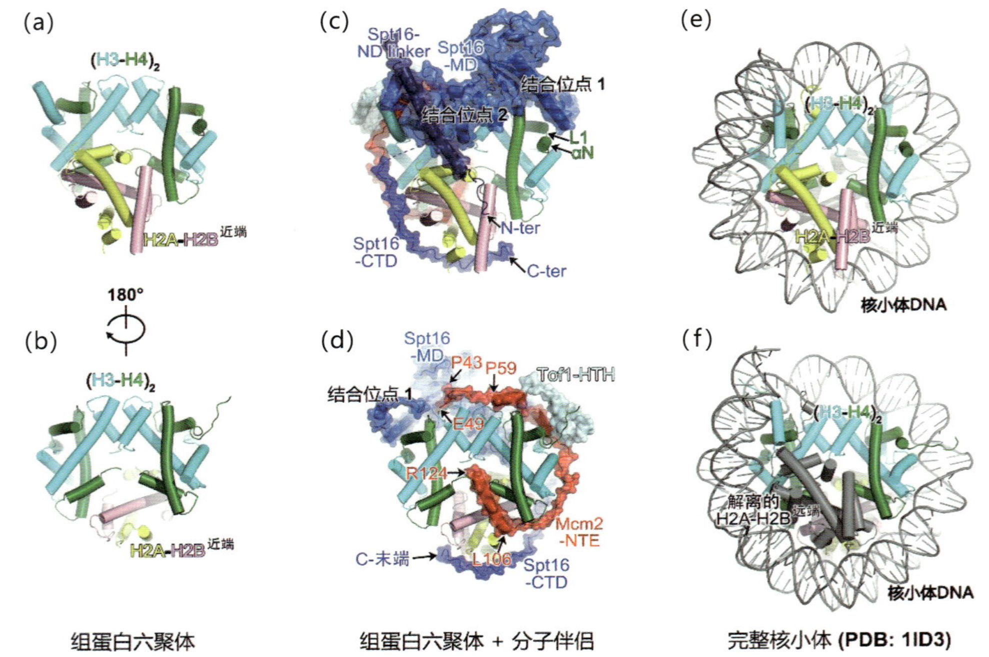

注:（a）（b）为组蛋白六聚体;（c）（d）为组蛋白六聚体-分子伴侣复合物;（e）（f）为完整的核小体。

图 4-1-6　复制体复合物中的组蛋白六聚体及其分子伴侣

该研究深入解析了DNA复制过程中亲代组蛋白回收的关键分子细节，明确了FACT、Tof1、Mcm2等因子的作用机制，并揭示组蛋白六聚体可能是亲代组蛋白回收的基本单元，为全面理解DNA复制偶联的表观遗传信息传递机制奠定了重要的基础。

全球城市河流温室气体的高排放模式与驱动机制

城市是人类活动密集的场所。城市河流不同程度地受到水文控制、点/面源污染和热岛效应的影响，会导致生源要素的循环过程发生改变，引发富营养化等环境负面效应，进一步改变河流温室气体的排放模式。但全球尺度下城市河流三种主要温室气体的排放规模及时空分异格局尚缺乏定量评估，关键控制机制仍不清楚。

在自然科学基金委［国际（地区）合作研究项目T2261129474］等资助下，北京师范大学夏星辉教授团队与美国新罕布什尔大学威廉·麦克道尔（William McDowell）教授合作，首次精准预测了全球城市河流温室气体浓度与通量的空间格局，辨识了关键控制因素，并对其排放进行了定量估算。相关成果以“Globally elevated greenhouse gas emissions from polluted urban rivers”为题，于2024年5月27日发表在*Nature Sustainability*上。

该研究深入揭示了全球城市河流温室气体浓度（图4-1-7）与通量的关键环境与社会经济控制因素，发现甲烷（CH_4）和氧化亚氮（N_2O）的浓度与通量均随流域人口、人口密度和国内生产总值（GDP）的升高而显著增加，但随人均GDP的升高而显著降低。此外，城市地区初级生产力或土壤呼吸的增强会促进河流CH_4和二氧化碳（CO_2）排放，但同时也会截留地表径流中的氮素并抑制其向河流的输送，从而降低N_2O的排放。

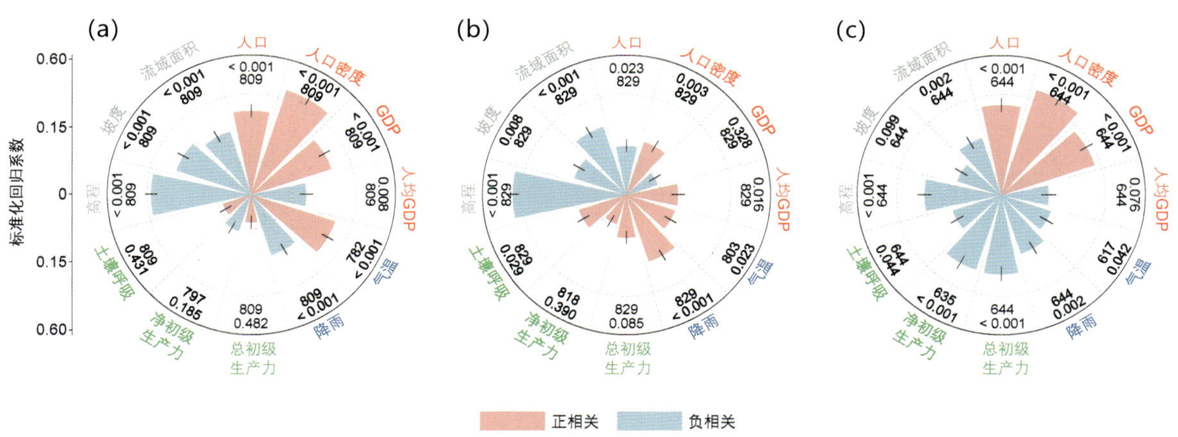

图4-1-7 全球城市河流温室气体浓度与流域环境及社会经济变量之间的标准化回归系数

团队进一步基于机器学习预测发现，城市河流CH_4、CO_2和N_2O的平均通量分别是全球河流的6.0、1.2和19倍，三种温室气体浓度和通量均与收入水平呈“倒U形”关系，与环境库兹涅茨曲线理论相吻合，表明高收入国家更严格的环境规制和更高的水污染控制投入能有效降低河流温室气体的排放（图4-1-8）。

全球城市河流每年向大气中释放约1.10 Tg CH_4、42.30 Tg CO_2和0.02 Tg N_2O，合计78.10 Tg CO_2当量，其中，中高收入国家城市河流贡献了全球排放总量的41.7%，亚洲城市河流贡献了全球排放总量的 66.1%。城市河流面积占全球河流面积的 0.8%，但CH_4和N_2O的排放量分别占 4.9% 和 15.4%。与全球河流相比，CH_4和N_2O在城市河流温室气体总辐射强迫中的贡献更高，由 12.7% 提高到 45.9%。研究成果可为城市温室气体减排和水环境污染控制的政策制定与管理实践提供科学指导。

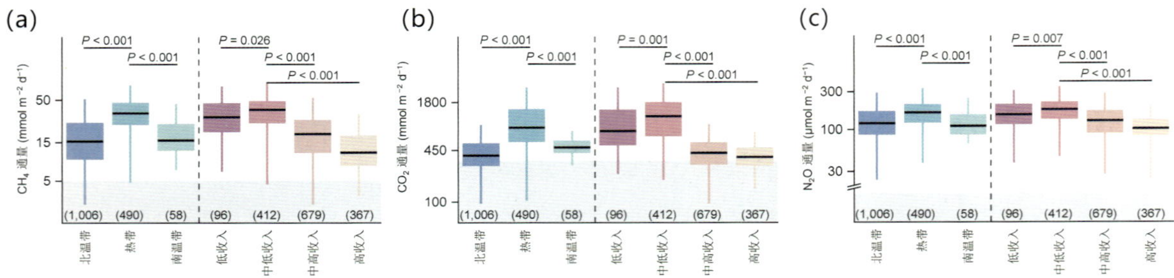

图 4-1-8　全球城市河流温室气体排放通量的空间分布格局

中国－埃塞俄比亚 / 斯里兰卡可再生能源三方合作项目

在当下国际政治经济局势面临深刻调整，地缘政治冲突加剧，单边主义与保护主义等因素交织叠加的大背景下，“南南科技合作”的战略意义日益凸显。为充分发挥“南南合作”对我国在新的历史条件下实行全方位对外开放和创新驱动可持续发展的支撑作用，中国 21 世纪议程管理中心与联合国开发计划署（UNDP）共同设计并于 2019 年启动实施了“中国－埃塞俄比亚 / 斯里兰卡可再生能源三方项目”，取得了积极成效。

该项目通过前期调研，分析了埃塞俄比亚包括水电、地热、风能和太阳能在内的巨大可再生能源潜力，以及斯里兰卡对可再生能源及能源效率提升技术的迫切需求。考虑到埃塞俄比亚除水电外的其他可再生能源开发比例均小于全国潜力的 1%，以及斯里兰卡全国第二大温室气体排放源——农用工业部门的巨大减排潜力，项目设计了以技术转移为主，同时加强能力建设与知识分享，以确保项目可持续运行的新型三方合作模式。

通过近 4 年的稳步实施，该项目于 2024 年顺利结题。自实施以来，项目受到各方普遍关注。2022 年，项目成功入选由联合国主办的《面向最不发达国家开展的南南合作与三方合作优秀实践》案例集（图 4-1-9）。UNDP 署长阿奇姆·施泰纳（Achim Steiner）在发布会致辞中将此项目作为“诸多优秀实践中的亮点”给予了高度肯定。2023 年，项目作为成功案例被收录于联合国气候技术中心与网络（CTCN）与联合国气候变化框架公约技术执行委员会（TEC）的联合出版刊物《技术与国家自主贡献：鼓励技术应用，支撑国家自主贡献目标实现》，再次获得联合国认可。

GOOD PRACTICES

in South-South and Triangular Cooperation in Least Developed Countries:

From the Istanbul Programme of Action to Achieving Sustainable and Resilient Development

Transitioning to Sustainable Energy Uses in the Agro-Industry in China, Ethiopia and Sri Lanka

Addressing challenges related to access to energy and sustainable resources consumption

CHALLENGE

In Ethiopia, limited access to modern energy sources is a barrier to socioeconomic development, and a centralized renewable energy model is lacking. Between 2016 and 2019, only 43-48 percent of the population had electricity coverage (approximately 33 percent through on grid electrification and 11 percent through off-grid service provision).[1] While around 93 percent of urban households were connected to the grid,[2] only 36 percent of rural households had access to electricity in 2019.[3] Most new initiatives on renewable energy development have targeted off-grid and household electricity uses. However, public institutions and productive energy uses may require different technology answers.

TOWARDS A SOLUTION

UNDP Ethiopia is supporting the Government of Ethiopia to implement a Trilateral Cooperation project bringing together China and Sri Lanka to promote Biogas, Biomass, and Solar technologies for productive uses. This project is piloting an integrated and innovative Trilateral Cooperation scheme through co-financing, joint design, and collaborative implementation at both the management and technical level — involving three southern countries - China, Ethiopia, and Sri Lanka.

The project derives from the need to disseminate renewable energy technology and to scale up for climate-resilient growth. It supports access to energy and sustainable resource consumption through trials and demonstrations of biogas and solar energy for productive uses. The cooperation serves as a learning platform for China, Ethiopia, and Sri Lanka to engage and collaborate at the international level on renewable energy technology and skill transfers. The project contributes

NOMINATED BY
United Nations Development Programme (UNDP)

COUNTRIES/REGIONS/TERRITORIES
China, Ethiopia, Sri Lanka

CONTRIBUTING PRIORITY AREAS OF THE ISTANBUL PROGRAMME OF ACTION (IPoA)
1, 6, 7

SUSTAINABLE DEVELOPMENT GOALS TARGET(S)
7.2, 7.a, 7.b, 13.3, 13.b, 17.6, 17.7

SUPPORTED BY
Ministry of Commerce of China, Government of Ethiopia, Government of Sri Lanka, UNDP

IMPLEMENTING ENTITIES
UNDP in China, Ethiopia, and Sri Lanka, Ethiopia's Ministry of Water and Energy, Sri Lanka State Energy Authority (SLSEA), China's Ministry of Science and Technology - Administrative Centre for China's Agenda 21 (MOST-ACCA 21), China Agricultural University (CAU)

PROJECT STATUS
Ongoing

PROJECT PERIOD
2019 - 2022

URL OF THE PRACTICE
https://bit.ly/3xf3NRA

GOOD PRACTICES IN SOUTH-SOUTH AND TRIANGULAR COOPERATION IN LDCS: FROM THE ISTANBUL PROGRAMME OF ACTION TO ACHIEVING SUSTAINABLE AND RESILIENT DEVELOPMENT 122

图 4-1-9 “中国 - 埃塞俄比亚 / 斯里兰卡可再生能源三方项目”入选联合国《面向最不发达国家开展的南南合作与三方合作优秀实践》案例集

第五部分

科研诚信建设

NSFC

自然科学基金委巩固深化评审专家被“打招呼”顽疾专项整治成果，深入实施“教育、激励、规范、监督、惩戒”五位一体的科学基金学风建设行动计划，努力营造风清气正的科研生态。

一、巩固深化评审专家被“打招呼”顽疾专项整治成果

一是把“正面引导”作为出发点。利用《坚决抵制“请托、打招呼”行为，共同营造风清气正的评审环境》宣传动画片、《科研诚信规范手册》等丰富宣传形式，释放坚决严肃查处“请托、打招呼”不端行为的强烈信号，得到社会各界特别是科技界的广泛关注和充分肯定。二是把“严明纪法”作为基准点。积极配合完成《国家自然科学基金条例》修订工作，明确“请托、打招呼”行为的法律责任；修订通讯评审专家履职尽责提示和承诺函，明确专项整治要求；修订《国家自然科学基金项目会议评审专家履职尽责提示函》《国家自然科学基金项目会议评审项目答辩人提醒函》，进一步压实和规范答辩人和评审专家的责任和行为。三是把“极限防守”作为发力点。增加海外专家、年轻专家比例，采取分批次指派，缩短会议评审时间，降低“海捞”评审专家的可能性；完善会议评审中专家意见、投票情况的保密措施，改进会评计算机屏保问题，部分项目会评不再显示建议不予资助项目的得票信息；在评审会议现场全程摆放《国家自然科学基金项目评审请托行为禁止清单》，在会歇期间播放《国家自然科学基金项目评审请托行为禁止清单》《看准您就放心投》等动画片。严格开展会议评审驻会监督工作，重点对“打招呼”“拉票”“围会”等行为进行现场监督，开展公正性调查，确保项目评审公平公正。四是把“严肃惩戒”作为警示点。在中央纪委国家监委驻科学技术部纪检监察组指导下，将涉及“请托、打招呼”的科研不端行为举报问题列为重点查办案件。推进监督联动和信息共享，提高问题核查效率。对查实的“请托、打招呼”案件，依法依规对相关责任人作出严肃处理，有效发挥惩戒震慑作用。

二、稳步推进科学基金关键环节的主动监督

一是全面践行公正性承诺制度。项目申请人、依托单位、评审专家和自然科学基金委工作人员等四方分别签署“公正性承诺书”，覆盖项目申请书 40 余万份、依托单位 2 000 余家、评审专家 9 万余人以及全体自然科学基金委工作人员。二是继续做好项目申请相似度检查。基于相似度检查结果对申请书高相似度案件开展调查。2024 年共立案调查 145 件高相似度案件，并对相关责任人作出严肃处理。三是持续开展会议评审前纪律提醒。以窦贤康主任亲笔信的方式，在会议评审前发送《国家自然科学基金项目会议评审项目答辩人提醒函》《国家自然科学基金项目会议评审专家履职尽责提示函》，提醒答辩人和评审专家切实履行科研诚信承诺。四是进一步强化会议评审期间驻会监督工作。完成 39 场评审会的驻会监督工作，覆盖

348 个评审组。五是严肃开展拟资助项目联合惩戒诚信审核。在科学基金项目审批前对拟批准项目的申请人、参与者、依托单位和合作研究单位开展联合惩戒诚信审核，对发现存在诚信问题且处于处罚期内的个人和单位一票否决，确保记入科研诚信严重失信行为数据库的责任主体在处罚期内不承担或不参与科学基金项目。六是定期开展科学基金评审专家评审资格审查。先后两次开展评审专家库联合惩戒诚信审核，确保存在违法犯罪、抄袭剽窃、伪造篡改等严重失信行为记录的人员不得参与科学基金项目评审。

三、持续加大科研不端行为的查处力度

2024 年度先后召开 3 次监督委员会全体委员会议，对各类涉及科研不端行为的投诉举报问题线索情况进行审议并提出处理建议。经委务会审定，对 630 位责任人和 11 家依托单位作出处理。其中，给予 65 位责任人通报批评，对其他责任人作出内部通报批评、警告等处理；取消 200 余位责任人不同年限基金项目申请和参与申请资格；取消多位责任人不同年限基金项目评审资格；给予 1 家依托单位通报批评，对多家依托单位作出内部通报批评、警告等处理。

四、广泛开展科研诚信教育和宣传

一是组织召开科学基金项目评审工作动员部署会议，强调评审工作要求。深入贯彻落实巩固深化评审专家被“打招呼”顽疾专项整治成果的有关要求，持续开展专项整治工作，严堵风险漏洞，创新评审组织模式，切实维护评审工作的公正性。二是多措并举开展宣传教育，涵盖四方主体。通过依托单位培训会、地区联络网会议、自然科学基金委新进工作人员培训会以及依托单位的学风和科研诚信讲座，对依托单位科研管理人员、科研人员以及自然科学基金委新进工作人员开展科研诚信、学风作风和经费规范使用的宣传教育。三是多渠道发声强化舆论引导。在《光明日报》《经济日报》和新华网等媒体解读《国家自然科学基金条例》修订在强化科研诚信和科技伦理建设方面作出的系列新规定；在《中国科学报》《中国青年报》等刊物对专项整治工作进行宣传报道，释放坚决严肃查处“请托、打招呼”不端行为的强烈信号。四是积极参与国际国内科研诚信建设交流活动，贡献科学基金力量。在第八届世界科研诚信大会、中国－瑞士科研诚信研讨会和科技部科技监督与科研诚信实务培训班等场合上宣传科学基金科研诚信和科技伦理建设的创新举措和取得的成绩。五是适时公布科研不端行为典型案例，加强警示教育。2024 年分两批在自然科学基金委官网上公布典型科研不端行为案件处理结果，将负面清单转为正面教育的警示教材，引导科研人员明晰诚信底线。六是压实依托单位诚信建设主体责任，发挥依托单位管理作用。在科学基金项目指南和科研诚信宣讲时，强调依托单位在科学基金科研诚信建设中的主体责任和关键作用，建设依托单位信誉评价机制。

五、扎实开展项目资金监督检查

一是统筹部署项目资金监督检查工作，分别召开陕西省、西藏自治区、黑龙江省、辽宁省和吉林省等 5 个省（区）的国家自然科学基金项目资金监督检查进场会，随机抽取以上地区的 152 家依托单位的 1 426 个项目开展检查，抽查金额共计 99 887.4 万元。二是切实做好 2023 年度监督检查“后半篇文章”。以线上线下相结合的形式，召开广东、四川、河北三省国家自然科学基金项目资金监督检查总结会。以“查得出、改得好”为目标，压实整实整改责任，向 102 家依托单位发出整改意见函，追回违规使用资金 1 400 余万元。三是严肃查处科研经费违规使用案件。2024 年共收到科研经费违规使用的投诉举报线索 64 件。通过案件查办，追回违规使用资金 300 余万元，给予 1 人通报批评并取消项目申请和参与申请资格 5 年。

第六部分

组织建设

NSFC

一、组织机构与队伍建设

（一）组织机构图

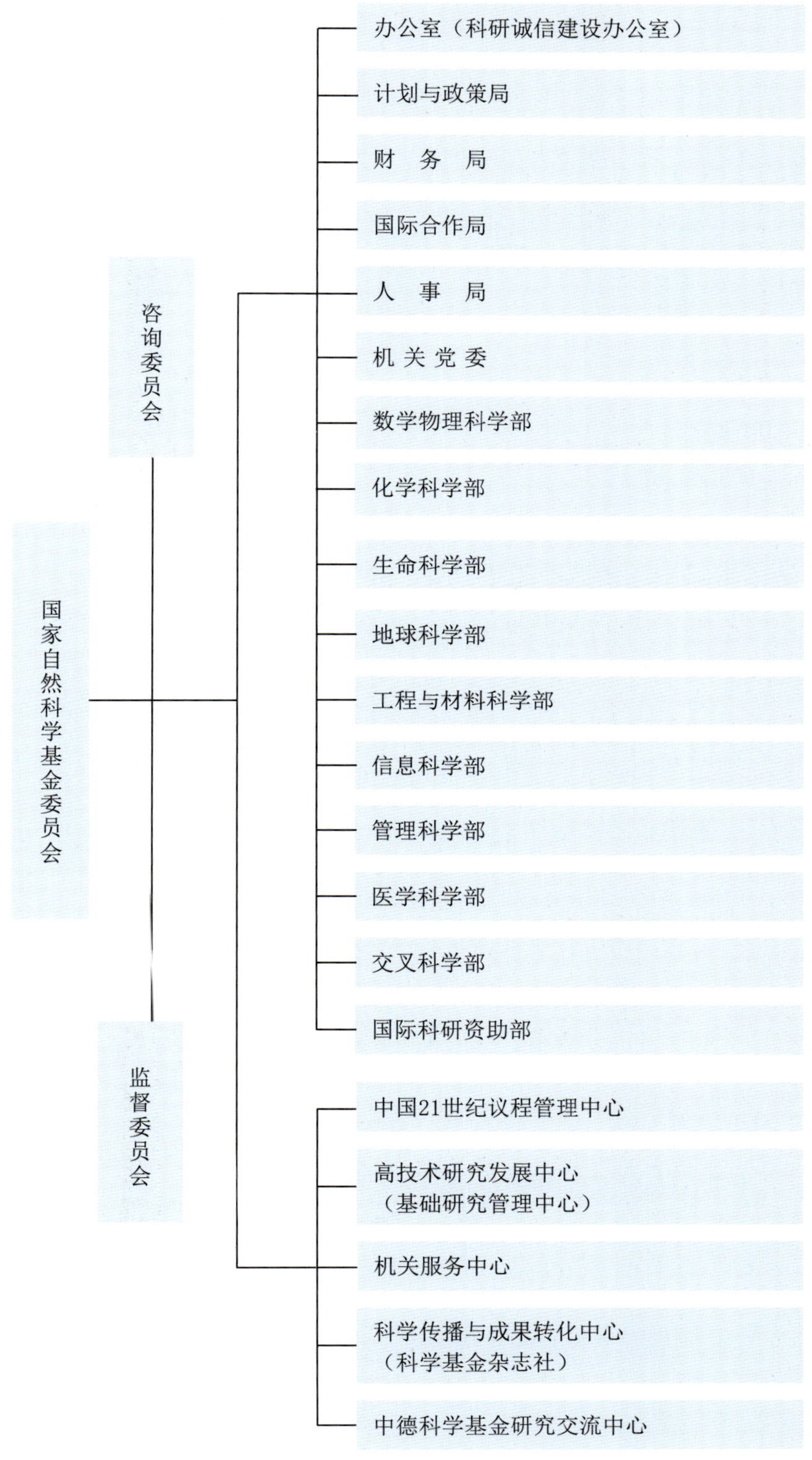

（二）人员基本情况

自然科学基金委机关编制 309 人，截至 2024 年 12 月 31 日，在编职工 259 人，其中，男性 153 人，女性 106 人；专业技术人员（含任职资格）240 人。在编人员的平均年龄为 42.7 岁。相关情况如图 6-1-1 至图 6-1-4 所示。

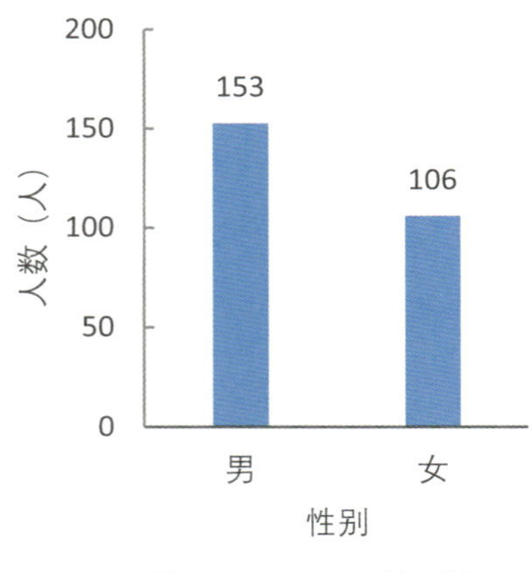

图 6-1-1　职工性别情况

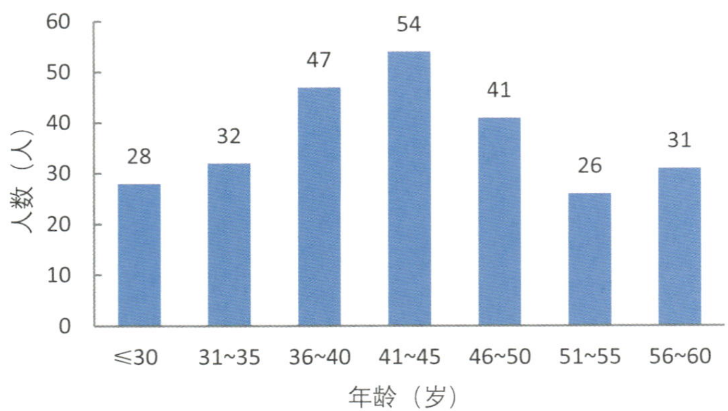

图 6-1-2　职工年龄情况

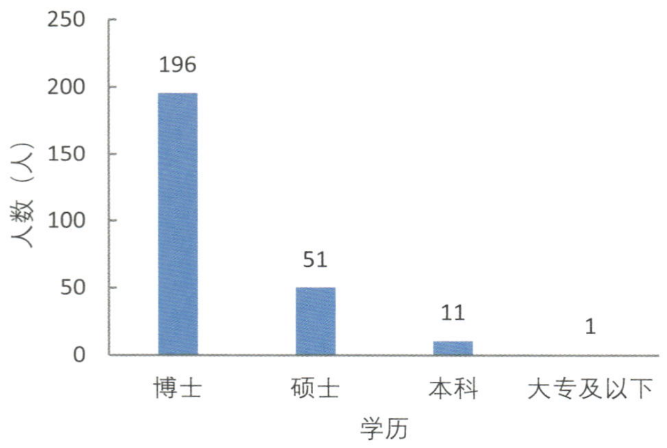

图 6-1-3　职工学历情况

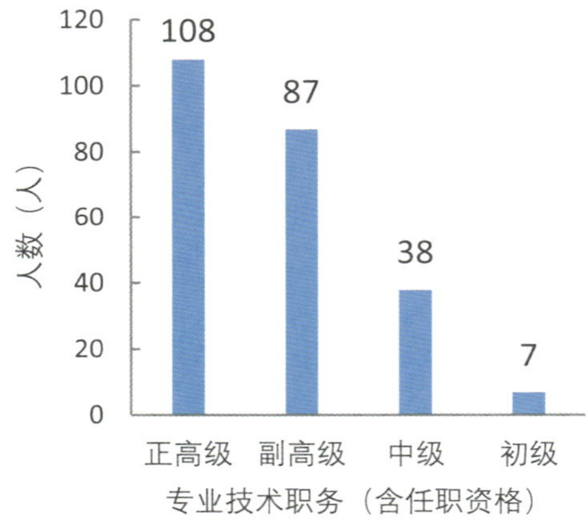

图 6-1-4　职工专业技术职务（含任职资格）

（三）内设机构和直属单位负责人名单

内设机构负责人名单（截至 2024 年 12 月 31 日）

单　位	负责人名单
办公室（科研诚信建设办公室）	王翠霞（女）、郭建泉、敬亚兴、张凤珠（女）、范　俐（女）、李　东（女，信息中心主任）
计划与政策局	王　岩（女）、杨列勋、姚玉鹏（兼）
财务局	王　琨（女）
国际合作局	范英杰（女）
人事局	吕淑梅（女）、王文泽
机关党委	杨　峰、黄宝晟
数学物理科学部	陈仙辉（兼）、倪培根
化学科学部	杨学明（兼）、杨俊林、詹世革（女）
生命科学部	种　康（兼）、王璞玥（女）
地球科学部	郭正堂（兼）、姚玉鹏
工程与材料科学部	曲久辉（兼）、赖一楠（女）、苗鸿雁
信息科学部	郝　跃（兼）、刘　克
管理科学部	丁烈云（兼）、刘作仪、吴　刚
医学科学部	张学敏（兼）、洪　微（女）、闫章才
交叉科学部	汤　超（兼）、付雪峰（女）
国际科研资助部	殷文璇（女）、吕群燕（女）

直属单位负责人名单（截至 2024 年 12 月 31 日）

单　位	负责人名单
中国 21 世纪议程管理中心	陈其针、张永涛
高技术研究发展中心（基础研究管理中心）	张洪刚、吴　根、闫金定
机关服务中心	封文安
科学传播与成果转化中心（科学基金杂志社）	彭　杰（女）、唐隆华、张志旻
中德科学基金研究交流中心	殷文璇（女，兼）

二、党的建设

2024 年，自然科学基金委坚持以习近平新时代中国特色社会主义思想为指导，全面贯彻落实党的二十大和二十届二中、三中全会精神，深入落实习近平总书记关于党的建设的重要思想、关于党的自我革命的重要思想，认真落实习近平总书记“7·29”重要指示精神，纵深推进全面从严治党，坚持以党的政治建设为统领，深入落实机关党建责任，扎实开展党纪学习教育，不断夯实基层基础，持之以恒正风肃纪反腐，团结引领统战群团工作发展，引导党员干部深刻领悟“两个确立”的决定性意义，不断增强“四个意识”、坚定“四个自信”、做到“两个维护”，当好“三个表率”、建设模范机关，以高质量党建推动科学基金各项工作高质量发展。

（一）坚持以党的政治建设为统领，以实际行动坚定践行“两个维护”

认真做好学习宣传贯彻党的二十届三中全会精神工作。召开专题会、党组理论学习中心组会议开展专题学习，研究具体落实工作方案，制定 6 项工作措施，切实把全会部署细化实化为具体的“任务书”“时间表”“实景图”。对全委党员、干部分类分批次开展全覆盖轮训，全委上下形成学习宣传贯彻的浓厚氛围。

高质量完成党纪学习教育各项任务。把开展党纪学习教育作为重要政治任务，成立工作专班，制定工作“施工图”，明确 3 个方面 10 项工作安排，建立健全督促、反馈、推动等机制，确保学习教育扎实有序、见行见效。坚持领导干部示范带头学，通过举办党纪学习教育读书班暨党组理论学习中心组（扩大）会议、发放党纪学习教育相关书目、邀请专家专题辅导、召开警示教育大会、开展知识答题活动、推送图解纪律处分条例等方式，不断增强纪律学习的自觉性、经常性和坚定性。制定党纪学习教育常态化长效化工作方案，推进纪律学习教育常态长效。

持续学深悟透党的创新理论，不断强化政治能力建设。深入学习贯彻习近平新时代中国特色社会主义思想，制定党组理论学习中心组学习细则，不断深化“五层联动”学习机制，做到第一时间传达学习习近平总书记重要讲话精神，引导党员干部坚定践行“两个维护”，进一步推动习近平总书记关于科技创新特别是基础研究的重要论述及党中央决策部署在自然科学基金委落地生根。

（二）坚持增强党组织政治功能和组织功能，推进基层党建全面过硬

聚焦夯实战斗堡垒，不断增强党组织政治功能和组织功能。开展习近平总书记“7·9”重要讲话精神学习贯彻情况“回头看”，细化落实习近平总书记“7·29”重要指示精神，进一步

深化对新时代党建工作重要性的认识，切实把贯彻落实的实际成效转化为推动机关党的建设高质量发展的生动实践。召开中共国家自然科学基金委员会机关委员会第二次代表大会，选举产生新一届机关党委和机关纪委。制定 2024—2026 年全面提高机关党的建设质量工作方案，细化 22 项主要任务，切实以高质量党建引领和推动科学基金事业高质量发展。持续加强基层党组织建设，新成立 1 个党支部，按期完成 9 个党支部换届、7 个党支部委员补选及分工调整。持续推进模范机关建设，组织开展我委 2021—2023 年度模范机关标兵单位和先进单位评选和复查工作，评选标兵单位 1 个、先进单位 2 个，保留往届获评表彰荣誉单位 6 个。深化党支部标准化、规范化建设，4 个党支部获评自然科学基金委、科技部“四强”党支部，2 个党支部获评中央和国家机关工委“四强”党支部。严格落实意识形态工作责任制，不断增强意识形态和思想政治工作的实效性。

聚焦发挥先锋模范作用，深入打造党建高质量发展新高地。抓实抓好党务干部、党员教育培训，举办 2024 年基层党务干部暨新任职专（兼）职党务干部党建业务能力培训，持续提升党务干部理论水平、业务素质和履职能力。做好“四好”党员评选推优，91 名党员获评自然科学基金委、科技部 2023 年度“四好”党员，其中 2 人获评 2023 年度中央和国家机关“四好”党员。举行“光荣在党 50 年”纪念章颁发仪式，切实发挥老党员示范引领作用。

聚焦修好“三门课”，持续加强年轻干部教育培养工作。指导各青年理论学习小组认真开展习近平新时代中国特色社会主义思想和党的二十届三中全会精神学习，从思想上固本培元。组织青年理论学习小组 60 余位年轻同志开展“关键小事”调研攻关和“根在基层”活动。开展年轻干部扣好廉洁从政“第一粒扣子”专题教育，对 36 名新入职、新提任年轻干部开展廉政谈话，从严从实加强年轻干部教育管理监督。

（三）坚持严的基调，纵深推进正风肃纪反腐

全面贯彻党中央关于全面从严治党战略部署。通过召开全面从严治党工作会、评审工作动员部署会、全面从严治党专题会商会等深入推进全面从严治党各项工作，层层压实管党治党政治责任。开展十九届中央第四轮巡视整改任务督办，做好中央纪委国家监委驻科技部纪检监察组监督建议函的整改落实，将整改落实的政治责任转化为深化科学基金改革的持久动力。

精准有力开展政治监督，强化日常监督，做实专项监督。围绕落实党的二十届三中全会精神、全国科技大会精神，充分发挥监督保障执行、促进完善发展作用。紧盯长期以来影响科技创新特别是基础研究的深层次难点堵点痛点问题，深入评审现场开展项目监督调研。巩固深化评审专家被“打招呼”顽疾专项整治，制定实施工作方案，持续推进专项整治取得新的成效。

坚持一体推进不敢腐、不能腐、不想腐，驰而不息纠“四风”树新风。持续加大办案力度，紧盯项目管理重点岗位和关键环节，严肃查办相关案件。召开警示教育大会，以案促改，以案促治。紧盯重要时间节点，发送节假日正风肃纪通知，制定公务出差廉洁自律承诺书，深化开展违规吃喝问题专项整治，印发关于纠治违规公务接待问题的工作提示，梳理监察对象名册，切实防范廉政风险，把权力关进制度的笼子。强化经常性纪律教育，对新提拔和新入职人员分类分层开展廉政谈话、经常性谈心谈话，推进作风建设常态化长效化。为离退休干部做纪律处分条例学习辅导报告，强化纪律规矩意识。持续加强对落实中央八项规定及其实施细则精神的监督检查，密切关注“四风”苗头性、倾向性、隐蔽性问题。

（四）坚持突出政治引领，扎实推进精神文明建设和群团统战工作

深入做好统战、工会、妇委会和团委工作。召开机关工会第七次会员代表大会，选举产生第七届机关工会委员会和经费审查委员会。举办 2024 年新春团拜会、女干部能力素质提升培训班、2024 年秋季运动会以及乒乓球赛，组织干部职工参加科技部以及中央和国家机关工委“礼赞新中国 奋进新时代”主题系列活动。组织开展职工之家、五一劳动奖等系列奖项的推选工作，1 名同志荣获中央和国家机关五一劳动奖章，1 名同志获评“中央和国家机关优秀工会积极分子”称号，1 个分工会获评“中央和国家机关模范职工小家”称号。

附　录

NSFC

一、2024年度国家自然科学基金委员会重要活动

1月

1月9日，自然科学基金委举行学习贯彻习近平文化思想专题辅导报告暨党组理论学习中心组集体学习。二十届中央委员、中央党史和文献研究院院长曲青山应邀作专题报告。自然科学基金委党组书记、主任窦贤康主持会议，委领导班子成员出席会议。

1月10日，自然科学基金委与江苏省人民政府合作推进会在南京召开。自然科学基金委党组书记、主任窦贤康，江苏省省长许昆林出席会议并讲话。会上举行了国家自然科学基金区域创新发展联合基金签约仪式，自然科学基金委党组成员、副主任王希勤和江苏省副省长赵岩代表双方签署协议。

1月18日，自然科学基金委召开政务保障工作研讨会，深入学习贯彻习近平总书记关于新时代办公厅工作重要指示精神。党组成员、副主任兼秘书长韩宇出席会议并讲话，副秘书长韩智勇主持会议。

1月24日，自然科学基金委举行离退休干部新春茶话会，党组书记、主任窦贤康出席并讲话，党组成员、副主任王希勤、兰玉杰，党组成员、副主任兼秘书长韩宇，副秘书长韩智勇出席会议。

1 月 24 日，自然科学基金委副主任兰玉杰会见澳门科学技术发展基金行政委员会主席谢永强先生一行。

2 月

2 月 21 日，自然科学基金委召开基础研究科学家座谈会，进一步深入学习贯彻习近平总书记 2023 年在中共中央政治局第三次集体学习时重要讲话精神，畅谈新时代我国基础研究和人才培养取得的历史成就，研讨交流持续提升科学基金资助效能，加强高层次人才培养，推动基础研究高质量发展的思路举措。自然科学基金委党组书记、主任窦贤康主持会议，委领导班子成员，各科学部主任（兼职）出席会议。

2 月 29 日，自然科学基金委发布 2023 年度“中国科学十大进展”，党组成员、副主任兰玉杰出席发布会。

3 月

3 月 1 日，小米公益基金会向自然科学基金委捐赠签约仪式在北京举行。自然科学基金委党组书记、主任窦贤康，小米集团创始人、董事长兼首席执行官雷军出席会议并讲话。自然科学基金委党组成员、副主任王希勤，小米集团总裁办主任、小米公益基金会秘书长刘伟作为双方代表签署捐赠协议。

3 月 1 日，自然科学基金委副主任、中德科学中心联委会中方主席兰玉杰会见中德科学中心德方主任顾英莉（Ingrid Krüßmann）一行。

3 月 6 日，2023 年度国家自然科学基金项目资金监督检查总结会以线上线下相结合的形式在广州召开，成都、石家庄设分会场。自然科学基金委党组成员、副主任兼秘书长韩宇出席会议并讲话。

3 月 12 日，自然科学基金委主任窦贤康会见英国皇家学会副主席马克·沃尔波特（Mark Walport）和副主席艾莉森·诺博尔（Alison Noble）一行，副主任兰玉杰参加会见。

3 月 13 日， 自然科学基金委召开全国两会精神传达会，党组书记、主任窦贤康主持会议。全国人大常委会委员、第八届自然科学基金委主任李静海，全国人大常委会委员、自然科学基金委党组成员、副主任王希勤传达十四届全国人大二次会议精神，全国政协委员、自然科学基金委党组成员、副主任陆建华、张学敏传达全国政协十四届二次会议精神。

3 月 14 日， 自然科学基金委第二届咨询委员会第一次全体会议在北京召开。自然科学基金委党组书记、主任窦贤康出席会议并讲话，党组成员、副主任王希勤主持会议。委领导班子成员，第二届咨询委员会主任杨卫、李静海，咨询委员会秘书长高瑞平，咨询委员会委员，中央纪委国家监委驻科学技术部纪检监察组有关同志出席会议。

3 月 20 日， 中央和国家机关工委副书记邹晓东一行来委调研指导机关党建工作。自然科学基金委党组成员、副主任兼秘书长韩宇主持调研座谈会。

3 月 25 日， 自然科学基金委第六届监督委员会第三次全体委员会议在京召开，陈宜瑜主任和何鸣鸿副主任分别主持召开了生命医学专业委员会会议和综合专业委员会会议，中央纪委国家监委驻科学技术部纪检监察组有关同志参会。

3 月 26 日，自然科学基金委召开第九届委员会第二次全体委员会议，深入学习贯彻习近平新时代中国特色社会主义思想，传达学习习近平总书记重要批示精神，总结科学基金过去一年的工作，研究部署 2024 年度工作。科技部党组书记、部长阴和俊出席会议并讲话。科技部党组成员、中央纪委国家监委驻科学技术部纪检监察组组长高波出席会议。科技部党组成员、自然科学基金委党组书记、主任窦贤康作全委会工作报告。自然科学基金委监督委员会主任陈宜瑜作监督委员会工作报告。委领导班子成员出席会议。

3 月 27 日，自然科学基金委党组书记、主任窦贤康会见广东省委常委、副省长王曦一行，党组成员、副主任于吉红出席工作会谈。

3 月 28 日，自然科学基金委召开巩固深化评审专家被“打招呼”顽疾专项整治成果专题会议，党组书记、主任窦贤康主持会议并讲话，党组成员、副主任兼秘书长韩宇，中央纪委国家监委驻科学技术部纪检监察组副组长兰池军出席会议。

3 月 29 日，自然科学基金委组织机关纪委委员、各基层党组织纪检委员及部分党员代表赴北京市全面从严治党党性教育基地开展学习教育活动，教育引导广大党员干部严格遵守党的政治纪律和政治规矩，拒腐防变、慎独慎微，把守纪律讲规矩摆在更加突出的位置。自然科学基金委党组成员、副主任兼秘书长韩宇带队参观学习。

4 月

4 月 9 日，自然科学基金委党组书记、主任窦贤康会见山东省委副书记、省长周乃翔一行，党组成员、副主任于吉红出席工作会谈。

4 月 10—11 日，自然科学基金委与科学欧洲联合举办的中欧基础科学合作政策研讨会以视频形式召开。自然科学基金委主任窦贤康出席研讨会并致辞。来自中国和德国、英国、荷兰、比利时、瑞士、挪威、西班牙、塞尔维亚等多个欧洲国家基础科学界的 50 多名科学机构管理人员和专家学者出席会议并进行充分交流。

4 月 14—21 日，自然科学基金委副主任兰玉杰率团赴新西兰、澳大利亚，对新西兰皇家学会等 10 家机构进行访问。

4 月 15 日，自然科学基金委与德国研究联合会（DFG）以视频形式举办人工智能与科学基金资助工作可持续发展中德研讨会。自然科学基金委副主任兼秘书长韩宇主持会议，副主任兰玉杰与 DFG 秘书长海德·阿伦斯（Heide Ahrens）出席会议并致辞。

4 月 17 日， 自然科学基金委召开党组会议专题部署党纪学习教育工作。自然科学基金委党组书记、主任窦贤康主持会议并作动员讲话，委领导班子成员，中央纪委国家监委驻科学技术部纪检监察组有关同志出席会议。

4 月 18 日， 2024 年度陕西省、西藏自治区国家自然科学基金项目资金监督检查进场会以线上线下相结合的形式在西安召开，拉萨设分会场。自然科学基金委党组成员、副主任兼秘书长韩宇出席会议并讲话。

4 月 19 日， 自然科学基金委召开 2024 年全面从严治党工作会议。自然科学基金委党组书记、主任窦贤康出席会议并讲话，中央纪委国家监委驻科学技术部纪检监察组副组长兰池军出席会议，党组成员、副主任兼秘书长、机关党委书记韩宇主持会议。

4 月 22 日， 自然科学基金委召开 2024 年人大代表建议、政协委员提案办理工作部署暨培训会，党组成员、副主任兼秘书长韩宇主持会议并讲话。

4 月 23 日，自然科学基金委党组书记、主任窦贤康会见辽宁省委副书记、省长李乐成一行，党组成员、副主任于吉红、兰玉杰出席工作会谈。

4 月 24 日，自然科学基金委主任窦贤康会见威立（Wiley）出版集团董事会主席杰西·威立（Jesse C. Wiley）一行。

4 月 24 日，自然科学基金委主任窦贤康会见德国研究联合会科学部主任安内特·施密特曼（Annette Schmidtmann）一行。

4 月 26 日，自然科学基金委主任窦贤康会见瑞典科研与教育国际合作基金会（STINT）执行主任安德烈亚斯·哥登博格（Andreas Göthenberg）一行，副主任兰玉杰参加会见。

4 月 26 日，自然科学基金委召开项目评审工作动员部署会议，安排 2024 年科学基金项目评审工作。党组书记、主任窦贤康出席会议并讲话，党组成员、副主任陆建华主持会议。委领导班子成员，中央纪委国家监委驻科学技术部纪检监察组副组长兰池军以及审计署科技审计局二级巡视员李晓南出席会议。

5 月

5 月 6 日，自然科学基金委副主任兼秘书长韩宇会见爱思唯尔（Elsevier）全球科研业务总裁魏士駼（Stuart Whayman）一行。

5 月 8 日，自然科学基金委党组召开 2024 年第一次务虚研讨会，会议围绕“充分发挥咨询委员会作用，提升重大科学问题凝练质量，加强重大项目、重大研究计划、国家重大科研仪器研制项目等与国家重点研发、重大专项立项统筹管理”深入讨论交流。自然科学基金委党组书记、主任窦贤康主持会议并讲话。委领导班子成员，咨询委员会领导及部分委员，监督委员会领导，中央纪委国家监委驻科学技术部纪检监察组、审计署科技审计局有关领导及各科学部主任（兼职）出席会议。

5 月 9 日，自然科学基金委管理科学部第九届专家咨询委员会 2024 年度第一次会议暨创新研究群体项目中期检查与结题审查会议在北京召开。自然科学基金委党组成员、副主任江松出席会议并讲话。

5 月 10 日，自然科学基金委科学基金管理信息化升级研讨会在深圳召开，党组成员、副主任兼秘书长韩宇出席会议并讲话。

5 月 13—14 日，自然科学基金委举办党纪学习教育读书班暨党组理论学习中心组（扩大）会议。自然科学基金委党组书记、主任窦贤康主持会议并作开班式讲话和总结讲话。中央纪委国家监委驻科学技术部纪检监察组副组长兰池军以《新修订的〈中国共产党纪律处分条例〉解读》为题为全委党员干部作专题辅导报告。委领导班子成员，各部门、各直属单位局级党员干部和各支部纪检委员参加读书班学习。

5 月 13 日，自然科学基金委副主任兰玉杰会见国际应用系统分析学会（IIASA）代理副所长沃尔夫冈·卢茨（Wolfgang Lutz）教授、IIASA科学咨询委员会委员蒋耒文教授一行。

5 月 15 日，自然科学基金委医学科学部第六届专家咨询委员会第二次会议在北京召开。自然科学基金委党组成员、副主任张学敏出席会议并讲话。

5 月 15—17 日，自然科学基金委举办 2024 年度青年干部培训班，党组书记、主任窦贤康出席并作动员讲话。

5 月 15—24 日，2024 年度黑龙江、辽宁、吉林三省国家自然科学基金项目资金监督检查进场会分别在哈尔滨、沈阳、长春召开。党组成员、副主任兼秘书长韩宇出席会议并讲话。

5 月 17 日，自然科学基金委党组书记、主任窦贤康出席 2024 年铁路科技创新联盟工作会议并致辞，并与国铁集团党组书记、董事长刘振芳共同见证《铁路基础研究联合基金补充协议》签署。自然科学基金委党组成员、副主任陆建华出席协议签署仪式。

5 月 17 日，自然科学基金委化学科学部第九届专家咨询委员会第一次会议在北京召开。自然科学基金委党组书记、主任窦贤康出席会议并致辞。

5 月 17—18 日，自然科学基金委地球科学部第九届专家咨询委员会第二次会议在北京召开。自然科学基金委党组成员、副主任兰玉杰出席会议并讲话。

5 月 20 日，自然科学基金委党组书记、主任窦贤康带队赴北京高压科学研究中心调研，党组成员、副主任兰玉杰主持调研座谈会。

5 月 22 日，自然科学基金委副主任兼秘书长韩宇会见科睿唯安（Clarivate Analytics）高级副总裁兼Web of Science主编南迪塔·盖德利（Nandita Quaderi）女士一行。

5 月 22 日，自然科学基金委主任窦贤康会见美国科学促进会（AAAS）首席执行官苏迪普·帕里克（Sudip Parikh）一行，副主任兰玉杰参加会见。

5 月 22 日，自然科学基金委国家重点研发计划重点专项 2024 年度指南论证会在北京召开。自然科学基金委党组书记、主任窦贤康出席会议并讲话，党组成员、副主任王希勤主持会议。自然科学基金委咨询委员会主任李静海、秘书长高瑞平和部分委员，重点专项实施方案编制组与指南编写组专家代表出席会议。

5 月 23 日，中央纪委国家监委驻科学技术部纪检监察组与自然科学基金委党组召开 2024 年第 1 次全面从严治党专题会商会。中央纪委国家监委驻科学技术部纪检监察组组长高波，自然科学基金委党组书记、主任窦贤康出席会议并讲话。委领导班子成员，中央纪委国家监委驻科学技术部纪检监察组副组长兰池军等同志出席会议。

5 月 25—26 日，自然科学基金委交叉科学部第二届专家咨询委员会第二次会议在北京召开。自然科学基金委党组书记、主任窦贤康出席会议并讲话。

5 月 27 日， 自然科学基金委副主任江松会见国际高能物理开放出版资助联盟（SCOAP³）执行委员会成员亚历山大·科尔斯（Alexander Kohls）、国际高能物理开放出版资助联盟理事会主席斯蒂芬·和恩格尔（Stefan Hohenegger）一行。

5 月 27—30 日， 自然科学基金委主任窦贤康率团赴瑞士因特拉肯参加全球研究理事会第十二届年会。

5 月 29 日， 自然科学基金委组织召开“关键小事”和“根在基层”调研活动成果分享暨动员部署会，党组成员、副主任兼秘书长韩宇出席会议并讲话。

5 月 29—31 日， 自然科学基金委党组成员、副主任兼秘书长韩宇带队赴奈曼旗开展定点帮扶工作调研，出席中国农业大学奈曼旗“科技小院”建设启动仪式以及挂职帮扶干部考核工作会议。

5 月 30—31 日，自然科学基金委信息科学部第九届专家咨询委员会第二次全体（扩大）会议在北京召开。自然科学基金委党组成员、副主任陆建华出席会议并致辞。

5 月 31 日—6 月 4 日，自然科学基金委主任窦贤康率团对波兰、塞尔维亚进行工作访问。

6 月

6 月 12 日，科学基金资助成果数据汇聚研讨推广会在贵阳召开，自然科学基金委党组成员、副主任兼秘书长韩宇出席会议并讲话。

6 月 14 日，“自然科学基金委 - 工业和信息化部大飞机基础研究联合基金”签约仪式在北京召开。自然科学基金委党组书记、主任窦贤康出席会议并讲话，党组成员、副主任王希勤代表我委签署协议。

6 月 17 日，“中国通用技术（集团）控股有限责任公司加入国家自然科学基金企业创新发展联合基金协议书（第二期）”签约仪式在北京召开。自然科学基金委党组书记、主任窦贤康，中国通用技术（集团）控股有限责任公司党组书记、董事长于旭波出席会议并讲话。自然科学基金委党组成员、副主任王希勤，通用技术集团党组副书记、总经理崔志成代表双方签署协议。

6 月 19 日，自然科学基金委主任窦贤康在北京会见来华访问的盖茨基金会首席执行官马克·苏斯曼（Mark Suzman）博士一行。

6 月 20 日，财政部党组成员、副部长王东伟一行来委调研。自然科学基金委党组书记、主任窦贤康，党组成员、副主任王希勤、张学敏、江松、兰玉杰参加调研座谈会，党组成员、副主任兼秘书长韩宇主持调研座谈会。

6 月 21 日，入选 2024 年度中德科学中心林岛项目中国学生代表出访团成团仪式暨行前培训动员会在北京举行。自然科学基金委党组书记、主任窦贤康出席会议并致辞，党组成员、副主任兰玉杰主持会议并为入选学生颁发证书。

6 月 24 日，自然科学基金委主任窦贤康会见法国国家科学研究中心（CNRS）主席安多万·贝蒂（Antoine Petit）并续签合作谅解备忘录。

6 月 24 日，自然科学基金委副主任兰玉杰会见巴西圣保罗研究基金会（FAPESP）代表团一行。

6 月 25—27 日，自然科学基金委 2024 年度外国资深学者、外国优秀青年学者研究基金项目评审会议在北京召开。自然科学基金委党组成员、副主任兰玉杰出席会议并讲话。

6 月 26 日，自然科学基金委举行“光荣在党 50 年”纪念章颁发仪式，向 6 位党龄达到 50 年的老党员颁发纪念章。自然科学基金委党组成员、副主任兼秘书长、机关党委书记韩宇出席并讲话。

7 月

7 月 3—4 日，自然科学基金委第六届监督委员会第四次全体委员会议在京召开，陈宜瑜主任和何鸣鸿副主任分别主持召开了生命医学专业委员会会议和综合专业委员会会议。自然科学基金委党组成员、副主任兼秘书长韩宇出席开幕式，中央纪委国家监委驻科学技术部纪检监察组副组长邢波参会。

7 月 4 日，自然科学基金委党组书记、主任窦贤康以“把握新定位，扛起新使命，深化科学基金改革，支撑新质生产力发展”为题，为全委党员干部讲授“七一”专题党课。中央纪委国家监委驻科学技术部纪检监察组有关领导参加。委领导班子成员出席，党组成员、副主任兼秘书长、机关党委书记韩宇主持党课。

7 月 8—12 日，自然科学基金委副主任兰玉杰率团访问美国，与美国国立卫生研究院（NIH）、美国国家科学基金会（NSF）、美国科学促进会（AAAS）等机构举行会谈。

7 月 9—13 日，自然科学基金委副主任陆建华率团赴韩国首尔参加中韩基础科学研究联委会第二十八次会议。

7 月 11 日，自然科学基金委召开 2024 年警示教育大会。受自然科学基金委党组书记、主任窦贤康委托，自然科学基金委党组成员、副主任兼秘书长、机关党委书记韩宇主持会议并讲话。委领导班子成员，中央纪委国家监委驻科学技术部纪检监察组有关领导出席会议。

7 月 14 日，自然科学基金委召开咨询委员会工作会议，党组书记、主任窦贤康，党组成员、副主任王希勤，咨询委员会主任杨卫出席会议并讲话。咨询委员会秘书长高瑞平主持会议。

7 月 24 日，中国地震局党组书记、局长王昆一行来委调研，自然科学基金委党组书记、主任窦贤康参加调研座谈会，党组成员、副主任兰玉杰主持调研座谈会。

7 月 24 日，自然科学基金委召开机关工会第七次会员代表大会，党组书记、主任窦贤康出席开幕式并讲话。自然科学基金委党组成员、副主任兼秘书长韩宇出席开幕式。

7 月 30 日，自然科学基金委党组书记、主任窦贤康主持召开学习贯彻党的二十届三中全会精神会议并讲话，党组成员、副主任王希勤传达党的二十届三中全会精神，委领导班子成员出席会议。

7 月 31 日，国家自然科学基金可持续发展国际合作科学计划科学专家组会议在北京召开。自然科学基金委党组成员、副主任兰玉杰出席会议并讲话。

8 月

8 月 15—23 日，自然科学基金委副主任兼秘书长韩宇率团访问肯尼亚和埃及，参加第一届“非洲-中国-CIMMYT科学论坛”，并访问国际玉米小麦改良中心（CIMMYT）、世界农用林业中心（ICRAF）、联合国环境署（UNEP）、埃及科学研究技术院（ASRT）等机构。

8 月 23 日，自然科学基金委党组书记、主任窦贤康会见国家发展改革委党组成员，国家数据局党组书记、局长刘烈宏一行。

8 月 25 日，自然科学基金委党组成员、副主任兼秘书长韩宇带队赴奈曼旗调研乡村振兴工作，并出席 2024 年度自然科学基金委定点帮扶项目评审会和定点帮扶挂职干部对接工作会。

8 月 28 日，优化临床医师科研评价机制调研座谈会在广州召开，自然科学基金委党组成员、副主任张学敏出席会议并讲话。

9 月

9 月 9 日， 国务院总理李强在北京人民大会堂同来华进行正式访问的西班牙首相桑切斯举行会谈，在李强总理和桑切斯首相的见证下，自然科学基金委主任窦贤康与西班牙外交、欧盟与合作大臣何塞·曼努埃尔·阿尔巴雷斯·布埃诺分别代表自然科学基金委与西班牙国家研究局（AEI）签署合作谅解备忘录。

9 月 9—12 日， 自然科学基金委主任窦贤康率团赴韩国首尔出席第 21 届亚洲研究理事会主席会议。

9 月 19 日， 自然科学基金委召开党组会议，传达学习习近平总书记关于党纪学习教育的重要指示和中央党的建设工作领导小组会议精神，总结全委党纪学习教育工作，对巩固深化党纪学习教育成果作出部署。党组书记、主任窦贤康主持会议并讲话，委领导班子成员，中央纪委国家监委驻科学技术部纪检监察组有关同志出席会议。

9 月 20 日， 中国航空工业集团加入国家自然科学基金企业创新发展联合基金协议签署仪式在北京召开。自然科学基金委党组书记、主任窦贤康，中国航空工业集团党组书记、董事长周新民出席会议并讲话。自然科学基金委党组成员、副主任王希勤，中国航空工业集团党组成员、副总经理杨伟代表双方签署协议。

9 月 20 日， 自然科学基金委副主任兰玉杰会见英国驻华大使馆文化教育公使兼英国文化教育协会（BC）中国区主任汤志理（Nicolas Thomas）一行。

9 月 20 日，自然科学基金委第六届监督委员会第五次全体委员会议在京召开，陈宜瑜主任和何鸣鸿副主任分别主持召开了生命医学专业委员会会议和综合专业委员会会议，中央纪委国家监委驻科学技术部纪检监察组有关同志参会。

9 月 24—25 日，2024 年度国家自然科学基金企业创新发展联合基金项目评审会在北京召开。自然科学基金委党组成员、副主任王希勤出席会议并讲话。

9 月 25 日，自然科学基金委主任窦贤康会见科学马耳他首席执行官西尔维奥·塞里（Silvio Scerri）一行。

9 月 25—26 日，自然科学基金委党组成员、副主任王希勤带队赴奈曼旗开展督导调研。调研组先后赴乡村振兴大讲堂培训现场、自然科学基金委青少年科普教育基地和奈曼旗天然碱矿岩心库等地开展调研活动。

10月

10月8日，自然科学基金委举行升国旗仪式，庆祝中华人民共和国成立75周年，党组书记、主任窦贤康出席仪式并讲话，党组成员、副主任王希勤主持仪式。委领导班子成员，全委局级领导干部和各部门干部职工代表，共计360余人参加仪式。

10月8日，自然科学基金委副主任江松会见美国物理学会主席金英姬（Young-Kee Kim）一行。

10月9日，自然科学基金委副主任兰玉杰会见国际农业研究磋商组织（CGIAR）执行管理主任伊斯玛罕·埃洛阿菲（Ismahane Elouafi）一行。

10月10日，自然科学基金委副主任兰玉杰会见欧盟驻华使团科技参赞卡霞（Katarzyna Zelichowsk）一行。

10 月 11—12 日，自然科学基金委与科学欧洲共同举办第四届中欧基础科学战略对话。自然科学基金委主任窦贤康和科学欧洲主席玛丽·特维特（Mari Tveit）出席会议并致辞。自然科学基金委副主任江松、兰玉杰，科学欧洲副主席哈维尔·佛恩特斯（Javier Fuentes）出席会议。

10 月 14 日，自然科学基金委和联合国环境规划署（UNEP）联合举办的合作研讨会在北京召开。自然科学基金委副主任兰玉杰出席会议并致辞。

10 月 14—18 日，2024 年度国家自然科学基金区域创新发展联合基金项目评审会在北京召开。自然科学基金委党组成员、副主任王希勤出席会议并讲话。

10 月 16 日，自然科学基金委主任窦贤康会见德国研究联合会高层代表团，副主任兰玉杰参加会见。

10 月 18 日，中德科学中心中德联委会第二十七次会议在北京召开。自然科学基金委副主任、联委会中方主席兰玉杰出席会议。

10 月 21 日，自然科学基金委副主任兰玉杰会见澳门理工大学校长严肇基一行。

10 月 23 日，自然科学基金委 2024 年秋季运动会在北京林业大学体育场举行。党组书记、主任窦贤康，党组成员、副主任王希勤、陆建华、江松，副主任吴骊珠，副秘书长韩智勇出席开幕式。

10 月 24 日，自然科学基金委国家重点研发计划重点专项动议论证会在北京召开。自然科学基金委党组书记、主任窦贤康出席会议并讲话。党组成员、副主任江松，咨询委员会主任杨卫以及部分委员、相关领域论证专家出席会议。咨询委员会秘书长高瑞平主持会议。

10 月 28 日，自然科学基金委副主任兰玉杰会见智利驻华使馆公使万岚苏（Sergio Valenzuela）一行。

10 月 30 日，自然科学基金委副主任兰玉杰会见西班牙国家研究局（AEI）局长多梅内克·埃斯普里乌（Domenec Espriu）一行。

10 月 30 日—11 月 1 日，2024 年度全球研究理事会亚太区域会议在北京召开。自然科学基金委副主任兰玉杰出席会议并致开幕辞。

11 月

11 月 4—8 日，自然科学基金委主任窦贤康率团赴香港开展工作调研。

11 月 4—5 日，自然科学基金委举办女干部能力素质提升培训班。自然科学基金委副主任吴骊珠出席开班式并讲话，党组成员、副主任兼秘书长、机关党委书记韩宇作动员讲话，副秘书长韩智勇出席开班式。

11 月 5 日，自然科学基金委副主任兰玉杰会见瑞典研究理事会（VR）执行主任玛丽亚·图韦森（Maria Thuveson）和瑞典科研与教育国际合作基金会（STINT）执行主任安德斯·哥登博格（Andreas Göthenberg）一行。

11 月 8 日，国务院总理李强签署国务院令，颁布修订后的《国家自然科学基金条例》（以下简称《条例》），《条例》自 2025 年 1 月 1 日起施行。《条例》共 7 章 45 条，修订的主要内容包括：一是坚持党中央集中统一领导，明确工作原则；二是健全管理体制，适应科技创新发展新趋势新要求；三是完善资助制度，发挥基金促进基础研究发展的作用；四是加强科研诚信制度建设，营造良好创新环境。

11 月 8 日，自然科学基金委副主任兰玉杰会见古巴科技和环境部部长阿尔曼多·罗德里格斯（Armando Rodriguez）一行。

11 月 11 日，自然科学基金委召开信息系统功能改进优化征求意见专项工作会议。党组成员、副主任王希勤出席会议并讲话，党组成员、副主任兼秘书长韩宇主持会议，副秘书长韩智勇出席会议。

11 月 14 日，自然科学基金委与奈曼旗召开定点帮扶工作对接座谈会。自然科学基金委党组成员、副主任王希勤，党组成员、副主任兼秘书长韩宇出席会议并讲话，副秘书长韩智勇主持会议。

11 月 16 日，自然科学基金委党组召开 2024 年第二次务虚研讨会，会议以习近平新时代中国特色社会主义思想为指导，聚焦“锚定 2035 年建成科技强国的奋斗目标，新时代自然科学基金委如何守正创新”这一鲜明主题，系统谋划科学基金改革举措。自然科学基金委党组书记、主任窦贤康主持会议并讲话。委领导班子成员，中央纪委国家监委驻科学技术部纪检监察组、审计署科技审计局有关领导，咨询委员会主任李静海、秘书长高瑞平，特邀科学家代表，各科学部主任（兼职）、全委局级以上干部出席会议。

11 月 18 日， 自然科学基金委–中国科学院学科发展战略研究工作联合领导小组第十一次会议在北京召开。联合领导小组组长、自然科学基金委党组书记、主任窦贤康，联合领导小组组长、中国科学院党组副书记、副院长吴朝晖出席会议并讲话。

11 月 18—19 日， 中国共产党国家自然科学基金委员会机关委员会召开第二次代表大会。科技部党组成员、副部长、机关党委书记林新，自然科学基金委党组书记、主任窦贤康出席开幕式并讲话，党组成员、副主任王希勤、江松，党组成员、副主任兼秘书长韩宇及全体党员代表参加会议。

11 月 18—27 日， 自然科学基金委副主任兰玉杰率团出席国际应用系统分析学会（IIASA）2024 年度秋季理事会会议并对奥地利、芬兰、挪威进行工作访问。

11 月 19 日， 自然科学基金委–中国工程院“中国工程科技未来 20 年发展战略研究”工作联合领导小组召开第六次会议。联合领导小组组长、自然科学基金委党组书记、主任窦贤康，联合领导小组组长、中国工程院党组书记、院长李晓红出席会议并讲话。

11 月 25 日，自然科学基金委举办科技安全保密专题培训。国家保密局技术监管处张宇应邀进行专题授课，自然科学基金委副秘书长韩智勇主持培训活动。

11 月 27 日，自然科学基金委副主任兼秘书长韩宇会见科睿唯安学术研究事业部总裁巴尔·维因斯坦一行。

11 月 27—29 日，自然科学基金委组织全委专（兼）职党务干部开展党务干部党建业务能力培训，党组成员、副主任兼秘书长、机关党委书记韩宇出席开班式并讲话。

11 月 28 日，自然科学基金委管理科学部第九届专家咨询委员会 2024 年度第二次会议在北京召开。自然科学基金委党组成员、副主任江松出席会议并讲话。

12 月

12 月 2 日，自然科学基金委主任窦贤康会见了国际应用系统分析学会（IIASA）所长约翰·尚胡贝尔（John Schellnhuber）率领的代表团，副主任兰玉杰参加会见。

12 月 2—6 日，自然科学基金委副主任王希勤率团对俄罗斯进行工作访问。

12 月 3 日，自然科学基金委副主任兰玉杰会见比尔及梅琳达·盖茨基金会北京代表处主任郑志杰一行。

12 月 4 日，自然科学基金委召开新当选机关党委、纪委委员集体谈话会，党组书记、主任窦贤康出席会议并讲话，党组成员、副主任兼秘书长、机关党委书记韩宇主持会议。

12 月 11—18 日，自然科学基金委副主任江松率团对比利时、荷兰进行工作访问。

12 月 12 日，自然科学基金委与工业和信息化部举行工作会商。自然科学基金委党组书记、主任窦贤康，工业和信息化部党组成员、副部长单忠德出席会议并讲话。自然科学基金委党组成员、副主任王希勤、陆建华、兰玉杰，咨询委员会秘书长高瑞平出席会议。

12 月 12 日，自然科学基金委举办 2025 年度委内工作人员科学基金管理工作培训会。自然科学基金委党组书记、主任窦贤康出席会议并作动员讲话，党组成员、副主任王希勤作总结讲话。

12 月 19 日，2024 年度国家自然科学基金区域创新发展联合基金管理工作座谈会议在昆明召开。自然科学基金委党组成员、副主任王希勤出席会议并讲话。

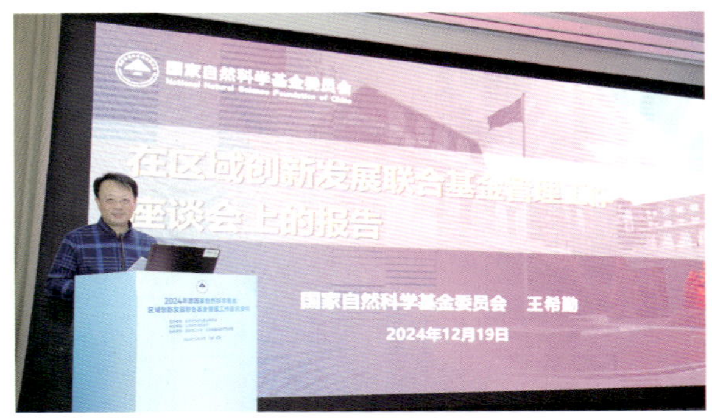

12 月 20 日， 自然科学基金委生命科学部第九届专家咨询委员会第三次会议在北京召开。自然科学基金委党组成员、副主任张学敏出席会议并致辞。

12 月 21—22 日， 双清-南澳青年科学论坛启动会暨第 1 期双清-南澳青年科学论坛（第 397 期双清论坛）“高温超导材料与机理”在广州召开。自然科学基金委党组成员、副主任江松出席，并与广东省人民政府副秘书长郭亦乐共同为双清-南澳青年科学论坛揭牌。

12 月 23 日， 自然科学基金委英文期刊 *Fundamental Research* 第二届编委会第一次会议在北京召开。自然科学基金委党组书记、主任窦贤康出席会议并讲话，党组成员、副主任兼秘书长韩宇主持会议，副秘书长韩智勇出席会议。

12 月 25 日， 2024 年度国家自然科学基金管理工作会议在北京召开。自然科学基金委党组书记、主任窦贤康出席会议并讲话，党组成员、副主任兼秘书长韩宇主持开幕式。

12 月 26 日，自然科学基金委工程与材料科学部第九届专家咨询委员会第三次全体会议在北京举行。自然科学基金委党组成员、副主任陆建华出席会议并讲话。

12 月 27 日，辽宁省加入国家自然科学基金区域创新发展联合基金（第二期）协议签署仪式在沈阳举行。自然科学基金委党组书记、主任窦贤康，辽宁省委书记、省人大常委会主任郝鹏出席会议并讲话。自然科学基金委党组成员、副主任王希勤和吉林省委副书记、省长李乐成代表双方签署协议。

12 月 29 日，中国交通建设集团有限公司加入国家自然科学基金企业创新发展联合基金签约仪式在北京举行。自然科学基金委党组成员、副主任王希勤，中国交通建设集团有限公司党委书记、董事长王彤宙代表双方签署协议。

12 月 31 日，中央纪委国家监委驻科学技术部纪检监察组与自然科学基金委党组召开 2024 年第 2 次全面从严治党专题会商会。中央纪委国家监委驻科学技术部纪检监察组组长高波，自然科学基金委党组书记、主任窦贤康出席会议并讲话。委领导班子成员，中央纪委国家监委驻科学技术部纪检监察组副组长邢波等同志出席会议。

12 月 31 日，自然科学基金委举行李政道先生档案资料捐赠仪式。自然科学基金委党组书记、主任窦贤康出席仪式并讲话，党组成员、副主任兼秘书长韩宇主持捐赠仪式。

二、双清论坛

2024 年，双清论坛全面贯彻落实党的二十大和二十届二中、三中全会精神，深入贯彻习近平总书记在中共中央政治局第三次集体学习和全国科技大会上的重要讲话精神，坚持“四个面向”，坚持“两条腿走路”，聚焦科学前沿问题和重大应用难题，认真做好论坛筹备和议程设计，通过组织专家战略研讨，凝练和提出重大科学问题，更好地服务科学基金重大类型项目及有关国家科技计划的立项工作，支撑基础研究的前瞻性、战略性、系统性布局。

双清论坛全年共举办 36 期（附表 2-1），与会专家近 1 700 人次，发挥了重要支撑引领作用（附图 2-1、附图 2-2）。一是服务重大类型项目立项，目前已支撑 1 项重大研究计划、3 项重大项目立项工作，并形成了一批重大类型项目及专项的立项建议。二是强化论坛人才培养作用，持续提升青年专家参会比例，继续试点青年双清论坛，邀请青年学生基础研究项目负责人参会旁听，拓展青年人才战略视野，激发创新思维。三是创新研讨组织模式，广泛邀请跨学科专家、行业企业及有关管理部门的专家参会，促进学科交叉融合和全创新链条互动；邀请咨询委员会专家参会，畅通从战略研讨到咨询建议的路径。四是树立论坛良好会风，多措并举，营造自由平等的学术交流氛围。五是深化与地方政府在共同组织科学问题研讨凝练和高质量立项选题上的合作，启动双清-南澳青年科学论坛，支持区域联合基金及有关项目的立项，支撑科学基金及其联合基金资助效能的提升。

2024 年，持续深化《中国科学基金》、*Fundamental Research* 委内刊物和 *National Science Review*、《科学通报》《中国科学》等委外刊物协同的成果宣传机制，加强对科技界的引领作用。*Fundamental Research* 已刊发 4 个专题共 33 篇文章，《中国科学基金》已刊发 6 个专题共 58 篇文章，论坛研讨成果质量和宣传效果显著提升。同时，论坛积极建言献策，基于研讨成果向中央报送“两报一参”（简报、信息专报、内参），持续发挥对国家科技政策决策的参考作用。

附图 2-1 “金融服务科技创新与经济高质量发展”双清论坛

附图 2-2 “地外生命探寻与宜居环境演化”双清论坛

附表 2-1　2024 年双清论坛主题目录

第 362 期：现代绿色运河建造与运维基础科学问题（2024 年 3 月 28—29 日）	第 380 期：多细胞复杂系统的化学与生物医学交叉前沿（2024 年 10 月 22 日—24 日）
第 363 期：超越生物进化的高效物质转化（2024 年 3 月 28—29 日）	第 381 期：瞬态极端诊断技术前沿与发展（2024 年 10 月 24—25 日）
第 364 期：经济增长理论与宏观政策优化（2024 年 3 月 29—30 日）	第 382 期：中药复方基础研究新范式（2024 年 10 月 24—25 日）
第 365 期：生命可视化的整合与解析（2024 年 4 月 2—3 日）	第 383 期：东亚—西太多层圈相互作用与深部石油、天然气和氢气资源（2024 年 10 月 25—26 日）
第 366 期：全球海洋治理与合作的关键科学问题（2024 年 4 月 2—3 日）	第 384 期：未来移动信息网络（2024 年 10 月 30—31 日）
第 367 期：金融服务科技创新与经济高质量发展（2024 年 4 月 15—16 日）	第 385 期：微重力科学与技术的机遇和挑战（2024 年 11 月 16—17 日）
第 368 期：数据驱动的医院运营与政策协同（2024 年 4 月 20—21 日）	第 386 期：零碳能源系统重构与低碳工业再造的科学基础（2024 年 11 月 18—19 日）
第 369 期：RNA 视角下的跨尺度生命测量（2024 年 7 月 10—11 日）	第 387 期：表型可塑性和性状稳定性的分子调控机制（2024 年 11 月 18—19 日）
第 370 期：旱区林果业高质量发展的基础科学问题与对策（2024 年 8 月 12—13 日）	第 388 期：有机光电材料应用中的关键科学问题和技术瓶颈（2024 年 11 月 18—19 日）
第 371 期：智能算网的基础机理与核心技术（2024 年 8 月 16—17 日）	第 389 期：化工冶金低碳变革中的关键基础科学问题（2024 年 11 月 25—26 日）
第 372 期：分子和纳米尺度的水（2024 年 8 月 19—20 日）	第 390 期：面向“双碳”目标的新型电力系统基础理论与关键技术（2024 年 11 月 28—29 日）
第 373 期：临床问题驱动的肿瘤学研究新范式（2024 年 8 月 22—23 日）	第 391 期：面向未来的智能材料物质科学（2024 年 12 月 1—2 日）
第 374 期：基于谱学大模型的物质科学认知（2024 年 8 月 31 日—9 月 1 日）	第 392 期：大陆极浅源地震的多学科原位观测技术体系与孕震机理（2024 年 12 月 5—6 日）
第 375 期：应激与精神疾病的科学基础及对策（2024 年 9 月 6—7 日）	第 393 期：超越摩尔时代的集成新路径与新技术（2024 年 12 月 9 日）
第 376 期：重大慢病与自主神经调控（2024 年 9 月 20—21 日）	第 394 期：面向未来的农作物育种：科学问题与关键技术（青年论坛）（2024 年 12 月 5—6 日）
第 377 期：地外生命探寻与宜居环境演化（2024 年 10 月 17—18 日）	第 395 期：系统性生态环境风险控制基础科学问题与对策（2024 年 12 月 12—13 日）
第 378 期：道路和桥梁工程高韧长寿与智能绿色的关键前沿基础科学问题（2024 年 10 月 18—19 日）	第 396 期：应用基础研究资助管理：总机关与先手棋（2024 年 12 月 16—17 日）
第 379 期：人工智能赋能制造业“产业大脑”基础理论与关键技术（2024 年 10 月 22 日）	第 397 期：高温超导材料与机理（第 1 期双清—南澳青年科学论坛）（2024 年 12 月 21—22 日）

三、国家自然科学基金委员会资助管理行政规范性文件体系

根据《国家自然科学基金条例》，截至 2024 年 12 月 31 日，制定实施有关科学基金组织管理、程序管理、资金管理、监督保障等四个方面行政规范性文件共 37 项。

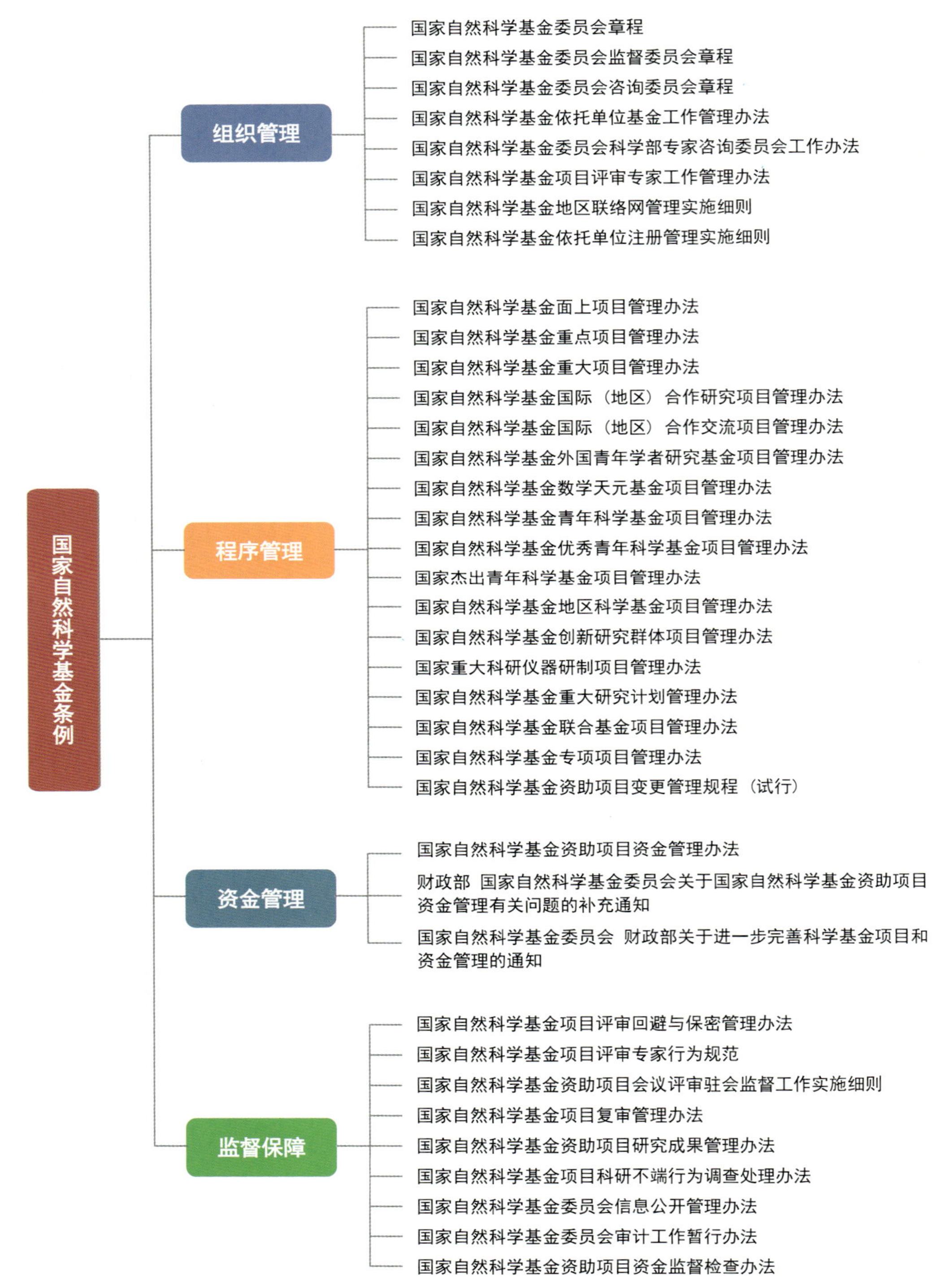

四、2023 年度国家科学技术奖励获奖人受国家自然科学基金项目资助情况

2023 年度国家自然科学奖一等奖 1 项，二等奖 48 项，获奖人均不同程度地获得过国家自然科学基金资助。

附表 2-2　国家自然科学奖一等奖获奖人受国家自然科学基金资助情况统计

序　号	获奖成果名称	主要完成人	获国家自然科学基金资助的主要项目名称	获资助项目数
1	拓扑电子材料计算预测	方　忠（中国科学院物理研究所） 戴　希（中国科学院物理研究所） 翁红明（中国科学院物理研究所） 余　睿（中国科学院物理研究所） 王志俊（中国科学院物理研究所）	• 凝聚态物质中新奇量子现象的计算和理论研究 • 第一原理计算材料设计及其对过渡金属氧化物中一些基础物理的理论研究	22

附表 2-3　国家自然科学奖二等奖获奖人受国家自然科学基金资助情况统计

序　号	获奖成果名称	主要完成人	获国家自然科学基金资助的主要项目名称	获资助项目数
1	三维流形的有限复叠	刘　毅（北京大学）	• 三维流形的拓扑与几何 • 一些四维流形几何的 profinite 刚性问题	2
2	弱观测成像反问题的 L（1/2）理论与自适应正则化方法	徐宗本（西安交通大学） 孙　剑（西安交通大学） 孟德宇（西安交通大学） 杨　燕（西安交通大学）	• 基于超算的大数据分析处理基础算法与编程支撑环境 • 国家天元数学西北中心项目	20
3	数值几何不变量在双有理变换下的变化	胡建勋（中山大学） 李卫平（香港科技大学）	• 辛拓扑与数学物理 • 模空间及相关几何不变量的研究	8
4	悬链线光学	罗先刚（中国科学院光电技术研究所） 蒲明搏（中国科学院光电技术研究所） 李　雄（中国科学院光电技术研究所） 马晓亮（中国科学院光电技术研究所） 郭迎辉（中国科学院光电技术研究所）	• 基于电磁波超衍射极限的远场成像光刻研究 • 基于表面等离激元的无掩模并行纳米直写技术研究	16
5	“四夸克物质”Zc（3900）的发现	苑长征（中国科学院高能物理研究所） 朱科军（中国科学院高能物理研究所） 刘智青（中国科学院高能物理研究所） 李卫东（中国科学院高能物理研究所） 平荣刚（中国科学院高能物理研究所）	• 奇特强子结构的理论与实验联合探究 • 多夸克强子态的理论与实验协同研究	19
6	铁基和镍基超导机理问题研究	闻海虎（南京大学） 杨　欢（南京大学） 祝熙宇（南京大学） 王震宇（南京大学） 杜增义（南京大学）	• 非常规电子态物质性质研究 • 掺杂 Mott 绝缘体中自旋 – 电荷 – 轨道耦合与奇异电子态研究	22
7	分子压电体的铁电化学设计	熊仁根（东南大学） 游雨蒙（东南大学） 廖伟强（南昌大学） 汤渊源（南昌大学） 叶恒云（东南大学）	• ABX3 型钙钛矿结构分子铁电体 • 高压电性分子基铁电体的研究	28

续 表

序 号	获奖成果名称	主要完成人	获国家自然科学基金资助的主要项目名称	获资助项目数
8	氮化碳光催化	王心晨（福州大学） 张金水（福州大学） 喻志阳（福州大学） 张贵刚（福州大学） 付贤智（福州大学）	• 多尺度微观结构调控 C_3N_4 基光催化剂研制及光催化空气净化应用 • 高效全分解水制氢的氮化碳基光催化剂及其表界面动力学调控	16
9	碳化钼催化剂上水的低温活化和制氢过程	马　丁（北京大学） 林丽利（北京大学） 石　川（大连理工大学） 周　武（中国科学院大学） 张　晓（大连理工大学）	• 基于金属 – 载体强相互作用的碳化钼基低温水汽变换催化剂的构筑与研究 • 二维材料缺陷物理的电子显微学研究	23
10	高分子递药载体的构筑与功能调控研究	申有青（浙江大学） 顾　臻（浙江大学） 周珠贤（浙江大学） 唐建斌（浙江大学） 邵世群（浙江大学）	• 作用于肿瘤微环境的非细胞毒化物型高效抗肿瘤高分子的设计 • 高分子药物载体材料	16
11	双金属有机试剂的发现与发展	席振峰（北京大学） 张文雄（北京大学） 魏俊年（北京大学） 张韶光（北京大学） 宋秋玲（北京大学）	• 金属促进的非活性化学键的选择性切断与应用 • 基于羰基碳氧双键选择性切断的合成化学新反应新方法	30
12	基于角度调控和协同促进策略的不对称催化方法学研究	张万斌（上海交通大学） 张振锋（上海交通大学） 霍小红（上海交通大学） 陈建中（上海交通大学） 袁乾家（上海交通大学）	• 基于双金属协同催化体系的不对称催化新反应研究 • 借助氢键活化实现的烯丙基胺和醚类化合物的 Pd– 催化烯丙基取代反应研究	16
13	一维尺度亚纳米材料的合成与性质	王　训（清华大学） 胡　适（清华大学） 刘俊利（清华大学） 徐翔星（清华大学） 李灏一（清华大学）	• 无机亚纳米尺度材料类高分子性质探索 • 亚纳米尺度物质聚集态调控及功能体系构筑	18
14	泛大陆关键转折期生物与环境演化	沈树忠（南京大学） 樊隽轩（南京大学） 张飞飞（南京大学） 张　华（中国科学院南京地质古生物研究所） 张以春（中国科学院南京地质古生物研究所）	• 晚古生代东特提斯生物与环境演化过程 • 俄罗斯乌拉尔与华南地区二叠纪生物地层和生物古地理比较研究	30
15	中国大气成分变化驱动因素及环境健康效应	张　强（清华大学） 贺克斌（清华大学） 刘　俊（北京大学） 郑　博（清华大学） 朱　彤（北京大学）	• 面向空气质量模型的高时空分辨率机动车排放清单研究 • 国际应用系统分析研究学会暑期青年科学家项目	44
16	大陆碰撞俯冲与青藏高原深部圈层相互作用	丁　林（中国科学院青藏高原研究所） 赵俊猛（中国科学院青藏高原研究所） 蔡福龙（中国科学院青藏高原研究所） 白　玲（中国科学院青藏高原研究所） 王厚起（中国科学院青藏高原研究所）	• 青藏高原南部正断层及盆地形成，古高度变化与高原演化 • 特提斯大陆汇聚及高原隆升学术交流活动	18
17	减小高影响海气事件预报不确定性的非线性新理论和新技术	穆　穆（中国科学院大气物理研究所） 段晚锁（中国科学院大气物理研究所）	• 条件非线性最优扰动方法在台风目标观测中的应用研究 • 北极海 – 冰 – 气系统对欧亚大陆冬季极端天气事件可预报性的影响	10

续　表

序　号	获奖成果名称	主要完成人	获国家自然科学基金资助的主要项目名称	获资助项目数
18	陆表固碳生物与非生物过程及环境响应机制	闫俊华（中国科学院华南植物园） 于贵瑞（中国科学院地理科学与资源研究所） 唐旭利（中国科学院华南植物园） 张德强（中国科学院华南植物园） 张雷明（中国科学院地理科学与资源研究所）	• 陆表过程与环境变化 • 深度酸化的森林土壤持续缓冲酸雨和积累有机碳机理	26
19	环境中耐药基因的形成和扩散机制	朱永官（中国科学院城市环境研究所） 苏建强（中国科学院城市环境研究所） 乔　敏（中国科学院生态环境研究中心） 陈青林（中国科学院城市环境研究所） 安新丽（中国科学院城市环境研究所）	• 典型水稻土碳氮铁耦合过程的微生物生态学机制 • 典型稻田土壤关键生物地球化学过程与环境功能	31
20	负性情绪和社会竞争导致抑郁症的脑机制研究	胡海岚（浙江大学） 李　坤（中国科学院脑科学与智能技术卓越创新中心） 崔一卉（浙江大学） 汪　菲（中国科学院脑科学与智能技术卓越创新中心） 杨　艳（浙江大学）	• 外侧缰核胶质细胞在抑郁症中的作用及机制研究 • 缰核在抑郁症中的作用机制 – 基于分子、细胞、神经网络和行为水平的研究	11
21	环形 RNA 生成和功能机制的研究	陈玲玲（中国科学院分子细胞科学卓越创新中心） 杨　力（中国科学院上海营养与健康研究所） 刘楚霄（中国科学院分子细胞科学卓越创新中心） 张　杨（中国科学院分子细胞科学卓越创新中心） 沈　南（上海交通大学医学院附属仁济医院）	• 一类内含子来源的长非编码 RNA 的加工成熟机制及功能研究 • 非 polyA 结尾的 RNA；长非编码 RNA；内含子来源的长非编码 RNA	26
22	细胞命运稳定性与可塑性的表观遗传调控机制	朱　冰（中国科学院生物物理研究所） 李颖峰（中国科学院生物物理研究所） 徐　墨（北京生命科学研究所） 张珠强（中国科学院生物物理研究所） 袁　文（北京生命科学研究所）	• 5- 羟甲基胞嘧啶结合蛋白的鉴定及其对 DNA 去甲基化的调控和在体细胞重编 • 染色质修饰酶的活性调节及其对染色质结构和靶基因表达的调控	14
23	T 细胞免疫的触发机制	许琛琦（中国科学院分子细胞科学卓越创新中心） 杨　魏（中国科学院分子细胞科学卓越创新中心） 施小山（中国科学院分子细胞科学卓越创新中心） 吴　微（中国科学院分子细胞科学卓越创新中心） 李伯良（中国科学院分子细胞科学卓越创新中心）	• 细胞质膜对膜蛋白受体磷酸化的调控机制 • T 细胞抗原受体活化机制的研究	23
24	真核生物光合膜蛋白结构与功能研究	匡廷云（中国科学院植物研究所） 隋森芳（清华大学） 王文达（中国科学院植物研究所） 韩广业（中国科学院植物研究所） 秦晓春（中国科学院植物研究所）	• 光合作用原初反应的结构基础及其调节与控制 • 真核生物核糖体在脂单层上二维晶体组装及结构初测	34

续 表

序 号	获奖成果名称	主要完成人	获国家自然科学基金资助的主要项目名称	获资助项目数
25	可转移多黏菌素耐药基因 mcr 的发现及其传播机制研究	沈建忠（中国农业大学） 刘健华（华南农业大学） 汪　洋（中国农业大学） 张　嵘（浙江大学） 沈张奇（中国农业大学）	• 鸡源碳青霉烯类抗生素耐药大肠杆菌的产生机制与适应性研究 • 泛耐药肠杆菌科细菌在动物、食品/环境、人之间的传播及其影响研究	28
26	反刍动物进化的基因组学研究	王　文（西北工业大学） 姜　雨（西北农林科技大学） 邱　强（西北工业大学） 李志鹏（中国农业科学院特产研究所） 陈　垒（西北工业大学）	• 新遗传元件在反刍动物及其独特性状进化中的作用和机制 • 反刍动物基因组功能元件的鉴定和精细注释	24
27	炎－癌转化和癌前病变的分子基础和干预策略	黎孟枫（南方医科大学） 尹玉新（北京大学） 周伟杰（南方医科大学） 夏来新（南方医科大学） 蔡俊超（中山大学）	• 登革热四价病毒样颗粒疫苗及其免疫机制的研究 • 原癌基因 AEG-1 诱导乳腺癌早期转移的分子机制	26
28	人类生殖发育表观遗传调控机制及代际传递规律研究	乔　杰（北京大学第三医院） 汤富酬（北京大学） 闫丽盈（北京大学第三医院） 严　杰（北京大学第三医院 李　蓉（北京大学第三医院）	• 妇科内分泌：应用代谢组学方法研究多囊卵巢综合征 • LHR 和 EGFR 信号传导通路在多囊卵巢综合征卵泡发育障碍中的研究	33
29	细胞外小 RNA 原创发现、功能与应用	张辰宇（南京大学） 巴　一（天津医科大学肿瘤医院） 张峻峰（南京大学） 曾　科（南京大学） 陈　熹（南京大学）	• 利用化学小分子对解耦联蛋白 2 介导的信号转导通路的化学生物学研究 • 代谢性核受体在线粒体、内质网应激对细胞能量代谢的调控	34
30	EB 病毒致癌分子机制与靶向干预	曾木圣（中山大学肿瘤防治中心） LIU，QUENTIN QIANG（中山大学肿瘤防治中心） 贝锦新（中山大学肿瘤防治中心） 徐　淼（中山大学肿瘤防治中心） 白　凡（北京大学）	• 多梳蛋白 Bmi-1 诱导 EMT 对细胞进行编程和重编程表观遗传调控的机制 • 美国和中国人群中致瘤病毒相关的头颈部肿瘤的基因组分析	40
31	免疫细胞新亚群及其调控机制	吴玉章（中国人民解放军陆军军医大学） 叶丽林（中国人民解放军陆军军医大学） 刘新东（中国人民解放军陆军军医大学） 朱　波（中国人民解放军陆军军医大学） 许力凡（中国人民解放军陆军军医大学）	• HBV 感染免疫库形成、维持的肝脏调节机制 • 影响冠状病毒广谱鼻喷疫苗效应强度的关键因素及其机理研究	32
32	生长因子 FGFs 调控糖脂代谢新功能与新机制	李校堃（温州医科大学） 徐爱民（香港大学） 黄志锋（温州医科大学） 林灼锋（温州医科大学） 李华婷（上海市第六人民医院）	• 非促分裂型成纤维细胞生长因子突变体预防糖尿病心肌病及其机制研究 • 胰腺产生的 FGF21 对机体全身代谢及胰岛细胞功能的作用及其分子机制研究	20
33	高速移动复杂场景信道特征及传输理论	艾　渤（北京交通大学） SHUGUANG CUI［香港中文大学（深圳）］ 钟章队（北京交通大学） 何睿斯（北京交通大学） 章嘉懿（北京交通大学）	• 高速铁路宽带移动通信理论与技术 • 面向高速铁路典型场景业务与应用的新一代移动通信理论与关键技术研究	17

续 表

序 号	获奖成果名称	主要完成人	获国家自然科学基金资助的主要项目名称	获资助项目数
34	高空间分辨率高光谱成像与识别理论方法研究	李树涛（湖南大学） 佃仁伟（湖南大学） 康旭东（湖南大学） 方乐缘（湖南大学 卢　婷（湖南大学）	• 高分辨率高光谱遥感图像信息获取与处理 • 多维高分辨图像解混、重构、融合与增强方法研究	18
35	多元协同的视觉计算理论与方法	姜育刚（复旦大学） 吴祖煊（复旦大学） 薛向阳（复旦大学） 付彦伟（复旦大学 钱学林（复旦大学）	• 视频内容识别与检索 • 视频内容生成与鉴别方法研究	17
36	光学 FIB 效应	孙洪波（吉林大学） 王　磊（吉林大学） 李臻赜（清华大学） 韩冬冬（吉林大学） 陈岐岱（吉林大学）	• 飞秒激光微纳加工在高性能微光学元件制造中的应用基础研究 • 高速转盘式飞秒激光纳米直写装置的研制	12
37	跨媒体大数据图关联表征学习理论与方法	朱文武（清华大学） 崔　鹏（清华大学） 王　啸（清华大学） 王　鑫（清华大学） 张子威（清华大学）	• 视频大数据高效表达、深度分析与综合利用 • 多源异构信息映射	16
38	铁性材料序参量的调控及器件设计	林元华（清华大学） 南策文（清华大学） 潘　豪（清华大学） 马　吉（清华大学） 胡嘉冕（清华大学）	• 铁性 NiO/ZnO 基异质薄膜的制备及其磁、电、光的调制 • 多孔 $BiFeO_3$ 薄膜的合成及其外场对光催化性能的调控研究	29
39	金属材料变形与损伤的微观起源及其演化机理	单智伟（西安交通大学） 刘博宇（西安交通大学） 解德刚（西安交通大学） 田　琳（西安交通大学） 王章洁（西安交通大学）	• 微纳米尺度材料的结构和性能 • 多场耦合条件下微纳尺度结构材料的变形特性与机理研究	14
40	新型二维材料的创造、制备与物性研究	任文才（中国科学院金属研究所） 成会明（中国科学院金属研究所） 徐　川（中国科学院金属研究所） 洪艺伦（中国科学院金属研究所） 高　旸（中国科学院金属研究所）	• 石墨烯三维网络宏观体的控制制备与物性研究 • 二维原子晶体材料的可控制备方法及其功能应用探索	28
41	磁致增强热电性能新方法与热电磁耦合新效应	赵文俞（武汉理工大学） 魏　平（武汉理工大学） 刘志愿（武汉理工大学） 朱婉婷（武汉理工大学） 张清杰（武汉理工大学）	• 太阳能热电—光电复合发电技术及其关键材料的基础研究 • 铟掺杂方钴矿基热电材料的电热协同输运效应及机理研究	25
42	高熵合金组织调控与强韧化机理	吕昭平（北京科技大学） 刘雄军（北京科技大学） 张　勇（北京科技大学） 吴　渊（北京科技大学） 蒋虽合（北京科技大学）	• 大尺寸相变韧塑化非晶复合材料的形成机理与动态变形行为 • 氧杂质对软磁非晶合金的原子团簇和性能的影响规律	26
43	高迁移率有机半导体材料与器件的研究	胡文平（天津大学） 董焕丽（中国科学院化学研究所） 耿延候（中国科学院长春应用化学研究所） 王世荣（天津大学） 张小涛（天津大学）	• 有机场效应晶体管材料与器件关键科学问题的研究 • 几种并五苯类似物的合成、单晶微纳材料的制备及其性能研究	32

续 表

序 号	获奖成果名称	主要完成人	获国家自然科学基金资助的主要项目名称	获资助项目数
44	煤 / 生物质燃烧过程 PM2.5 生成与调控	徐明厚（华中科技大学） 姚　洪（华中科技大学） 于敦喜（华中科技大学） 刘小伟（华中科技大学） 盛昌栋（东南大学）	• 典型西部燃煤电站锅炉煤灰中痕量重金属浸溶特性的研究 • 氧 / 燃料燃烧方式下燃煤多种污染物生成与协同控制	36
45	电力系统极端事件防御及恢复的理论与方法	别朝红（西安交通大学） 李更丰（西安交通大学） 丁　涛（西安交通大学） 邵成成（西安交通大学） 王锡凡（西安交通大学）	• 考虑风光火储协调运行的山西电网新能源消纳能力评估与提升策略研究 • 面向弹性提升的新型电力系统智能规划理论与方法	23
46	土的统一硬化本构理论	姚仰平（北京航空航天大学） 孙德安（上海大学） 周安楠（北京航空航天大学 路德春（北京航空航天大学 侯　伟（北京航空航天大学）	• 超固结土的弹粘塑性本构关系 • 考虑小应变特性的土的本构关系研究	25
47	岩石动静组合加载破裂理论与方法	李夕兵（中南大学 ） 董陇军（中南大学） 周子龙（中南大学） 宫凤强（中南大学） 杜　坤（中南大学）	• 动静组合载荷耦合下的岩石破裂特征与能量耗损 • 中应变率段岩石动态本构关系与累积损伤实验研究	33
48	基于固液界面力电耦合的水伏效应	郭万林（南京航空航天大学） 殷　俊（南京航空航天大学） 张助华（南京航空航天大学） 仇　虎（南京航空航天大学） 李雪梅（南京航空航天大学）	• 低维功能材料结构力 – 电 – 磁耦合与器件原理的物理力学研究 • 钠钾离子通道的结构功能关联和选择性离子传导机制研究	28